WERKSTATTBÜCHER
FÜR BETRIEBSFACHLEUTE, KONSTRUKTEURE UND STUDIERENDE
HERAUSGEBER DR.-ING. H. HAAKE, HAMBURG
HEFT 57

Stanztechnik

Zweiter Teil

Die Bauteile des Schnittes

Von

Dipl.-Ing. Erich Krabbe VDI

Unna/Westf.

Dritte neubearbeitete Auflage
(13. bis 18. Tausend)

Mit 257 Abbildungen

Springer-Verlag

Berlin / Göttingen / Heidelberg

1961

ISBN-13: 978-3-540-02771-3   e-ISBN-13: 978-3-642-88240-1
DOI: 10.1007/978-3-642-88240-1

Inhaltsverzeichnis

Seite

Einführung

Es gibt wohl kaum ein Gebiet in den verschiedenen Zweigen des Werkzeugbaues, das so vielseitig ist, wie das der Werkzeuge für die Blechbearbeitung. Daher sind im vorliegenden Heft[1] an Stelle von Beispielen fertiger Konstruktionsgebäude die einzelnen Bausteine dazu geboten, die man leicht zu neuen Gebäuden zusammenfügen kann.

Der Konstrukteur soll durch Vergleich der verschiedenen Ausführungsformen untereinander erkennen können, welches in jedem Fall die für ihn zweckmäßige Gestalt ist. Es werden nicht nur die unmittelbar zum Schneiden dienenden Werkzeuge behandelt, sondern auch alle anderen zur richtigen Zusammenarbeit im Werkzeug wichtigen Bauteile, wie z. B. Werkstoffführungen, Verbindungsteile usw.

I. Das Gestalten von Stempel und Schnittplatte
A. Allgemeine Richtlinien

1. Form und Menge als Werkzeuggestalter. Die Festlegung der für jeden einzelnen Fall richtigen Konstruktionsform entscheiden die Anforderungen, die an das herzustellende Werkstück gestellt werden, und die in Frage kommenden Stückzahlen. Diese beiden Umstände legen fast immer eindeutig die Konstruktion fest. Andere Gründe, wie z. B. nicht geeignete Maschinen oder für bestimmte Arbeitsverfahren nicht geeignete Arbeiter, vielleicht auch nicht tragbare Kosten, zwingen allerdings zur Beachtung.

2. Festlegung der Belastung und Beanspruchung. Wenn die Konstruktion festliegt, läßt sich der Wirkungsgrad eines Werkzeuges, d. i. der Werkzeugkostenanteil je Preßstück, nach den verschiedenen Gesichtspunkten ermitteln. Dabei spielt in erster Linie die Bauart, d. h. die Abmessungen der einzelnen Werkzeugbestandteile und die Auswahl der verschiedenen Stahllegierungen, eine große Rolle. Sie werden bestimmt von den im Werkzeug auftretenden Kräften und Beanspruchungen. Manchmal sind geradezu verschiedene Eigenschaften des Stempelschaftes und der Schnittplatte erwünscht; denn der Stempelschaft dient der Kraftübertragung auf den Pressenstößel und ist als solcher Druck-, Dreh- und Biegungsbeanspruchungen unterworfen, während die Schnittplatte die Druckkräfte an den Pressentisch weiterleitet und hierbei neben den Druckkräften noch Dreh- und Biegungsbeanspruchungen aufnehmen muß. Das sind Beanspruchungen, die völlig anders geartet sind als die an sich von dem Schneidenwerkstoff geforderten Eigenschaften: Druck- und Verschleißfestigkeit bzw. Schnitthaltigkeit.

3. Sinnvolles Gestalten der Schnittform. Vom Konstrukteur der herzustellenden Werkstücke ist auf deren möglichst vereinfachte Form zu achten (s. AWF Stanzereitechnik, Blatt 5971). Oft hat die Umrißlinie eines Teiles keinerlei Selbstzweck und bildet nur die zufällige Begrenzung einer Fläche, bei der es nur auf die genaue Lage einer Anzahl Bohrungen zueinander ankommt. Dann muß der Umriß auf die Erfordernisse des Werkzeuges und der günstigen Werkstoffausnutzung abgestellt sein (s. Heft 59). Oft können besonders bei größeren Werkzeugen Kosten durch Unterteilung des Schneidenumrisses in einzelne Stücke gespart werden, wodurch sowohl die teurere Innenarbeit durch billige Außenarbeit ersetzt als auch der Werkzeugstahlverbrauch verringert wird.

---

[1] Die ersten beiden Auflagen dieses Werkstattbuches sind 1936 und 1943 erschienen. — Die Reihe „Stanztechnik" umfaßt die Hefte 44, 57, 59, 60.

B. Die Formgebung des Stempels

Die bei der Herstellung kleinerer Schnittstempel entstehenden Kosten werden sich weniger im Werkstoffverbrauch und in der Konstruktion als vielmehr in der mehr oder weniger großen Schwierigkeit des verlangten Stempelprofils auswirken. Der Konstrukteur des Werkstückes hat also hier auf allergrößte Einfachheit zu achten.

4. Werkstoff- und Arbeitsersparnis. a) Die Ersparnisse sind erheblich, wenn man als Stempel gezogenen Profilstahl benutzen kann. Dabei kann man mehrere derartige Stähle gleichen oder verschiedenen Querschnitts zu Stempelformen zusammensetzen (Abb. 1a—d) oder auch die Stempelform zerlegen (Abschn. 5).

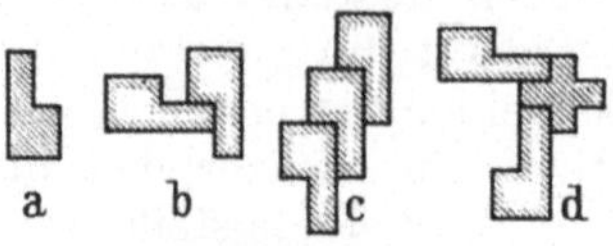

Abb. 1a—d. Zusammensetzen von Stempelformen
a) einfaches Formstück; b) Beispiel einer Zusammensetzung von zwei gleichen Formstücken; c) Beispiel mit drei gleichen Formstücken; d) Beispiel mit drei verschiedenen Formstücken

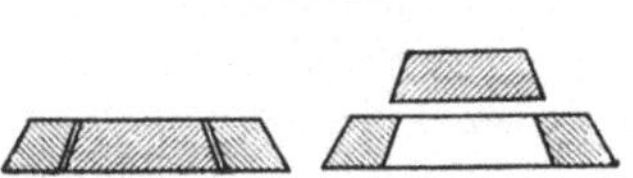

Abb. 2. Stempel und Schnittplatte aus einem Stück Stahl ausgesägt

b) Noch mehr ist zu sparen, wenn man auf die Schnittplatte verzichten kann, dadurch, daß man den zu bearbeitenden Werkstoff längs einer Stempelschablone durch einen Gummistempel abreißen läßt, etwa so, wie man Einwickelpapier von einer Rolle trennt. Ein solches Werkzeug zeigt Abb. 79 im I. Teil (Heft 44). Man kann es bei Blechen bis zu 1,5 mm Dicke und bei Stückzahlen bis zu etwa 100 verwenden.

c) Auf diesem Wege weitergehend kommt man zum Stahllinealschnitt für leichte Schnitte, hergestellt aus bestem Stahlblech, etwa 0,8 mm dick, bis zu 23 mm hoch, an einer Kante beiderseits unter 60° angeschärft, wie man sie in Druckereizubehörhandlungen fertig kaufen kann. In eine Sperrholzplatte von 15 bis 20 mm Dicke wird entsprechend der gewünschten Form ein Schlitz eingearbeitet, der etwas schmaler sein soll, als das Stahllineal dick ist. Dieses wird dann nach dem Schlitz gebogen und in ihn hineingeschlagen. Man verwendet den Schnitt zum Ausschneiden von Pappe, Leder, Gummi, Filz, Kork usw.

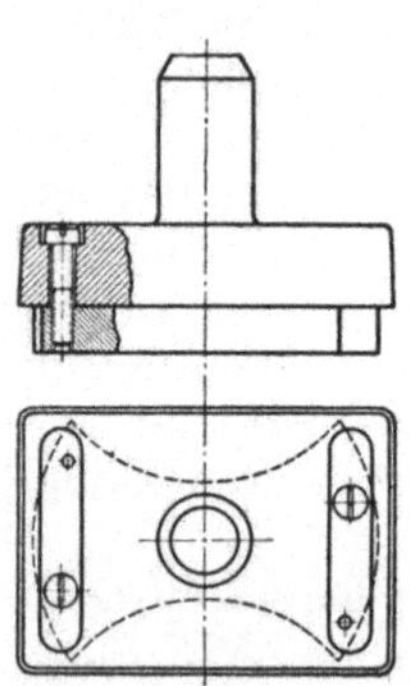

Abb. 3. Unterteilen des Stempels: Genormter Stempelkopf, gesenkgeschmiedet oder gegossen. Schraube besser mit Innensechskant nach DIN 912

d) Derartige Schnitte sind schneller herzustellen, erfüllen aber nicht immer alle an Sauberkeit und Maßhaltigkeit gestellten Ansprüche. Besonders bei der Fertigung kleinerer Stückzahlen wählt man für den Stempel geringere Werkstoffgüte, z. B. Stähle nach DIN 17210, und härtet diese im Einsatz. Heute ist auch die Schweißtechnik in der Lage, auf weniger hochwertige Werkstoffe, etwa St 50.11 oder Kesselblech-Güte, Schnittkanten aus hochwertigem härtbarem Werkstoff aufzutragen.

e) Ein weiterer Weg ist der, den aus der Schnittplatte ausfallenden Abfall unmittelbar als Stempel zu verwenden, wenn man die Form der Schnittplatte mit Hilfe einer neuzeitlichen Sägemaschine unter Schrägstellung des Tisches ausschneidet (Abb. 2). Das schräggeschnittene, ausfallende Stahlstück bedarf zudem bei der Fertigstellung als Stempel nur geringer Nacharbeit, da die Form durch das Aussägen schon gegeben ist. Die durch den Schrägschnitt entstandene Verjüngung des Stempels nach oben begrenzt zwar seine Lebensdauer, jedoch spielt dieser Nachteil gerade in den Fällen die geringste Rolle, in denen die Wichtigkeit der Werkstoff- und Lohnersparnis am größten ist, nämlich dann, wenn das Werkzeug überhaupt nur für kleine Stückzahlen gebraucht wird.

f) Man kann den Stempel teilen und nur den schneidenden Teil in Form einer niedrigen Platte aus Stahl fertigen (Abb. 3). Die übrigen Teile können dann aus minderwertigem Werkstoff, und zwar, wenn Biegungsbeanspruchungen nicht zu befürchten sind, vorteilhaft aus Grauguß hergestellt werden.

Unterteilen führt zum Stempelkopf. Dessen Form wird bedingt durch das Profil und die Befestigungsmöglichkeit des Stempels einerseits und durch die Befestigung des Kopfes an der Maschine andererseits. Nach Abb. 3 ist der Werkzeugstahlverbrauch erheblich herabzusetzen. Bei einfach runden großen Schnitten unterteilt man den Stempel zweckmäßig noch weiter (Abb. 4); doch ist dieses Verfahren nur für geometrisch einfache Formen anwendbar.

5. Zerlegung des Stempels. Bei Formen, die man nicht weiter unterteilen kann, zerlegt man die Stempelschneide in einzelne Messerteile derart, daß z. B. ein Werkzeug für Eimer nach dem Grundriß (Abb. 5) aufgebaut wird: man besetzt den Stahl- oder Graugußstempelkopf mit Schneiden-

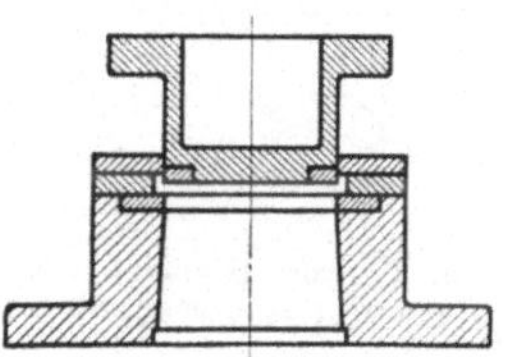

Abb. 4. Unterteilung von Stempel und Schnittplatte

stücken aus Werkzeugstahl. Diese einzelnen Messerstücke stützen sich auf bearbeitete Kanten des Gußkörpers und sind seitlich durch Schrauben zentriert, eine

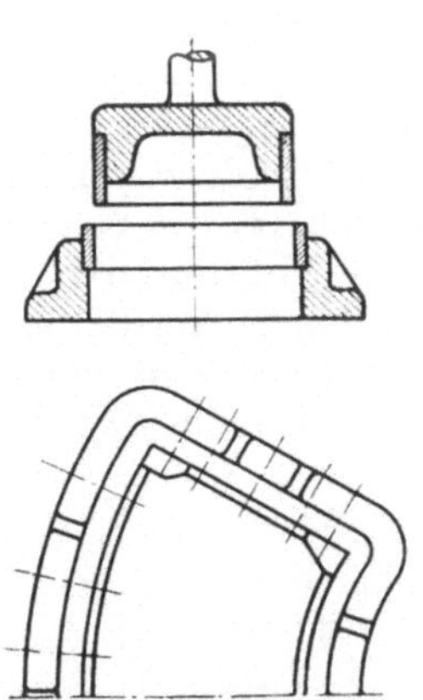

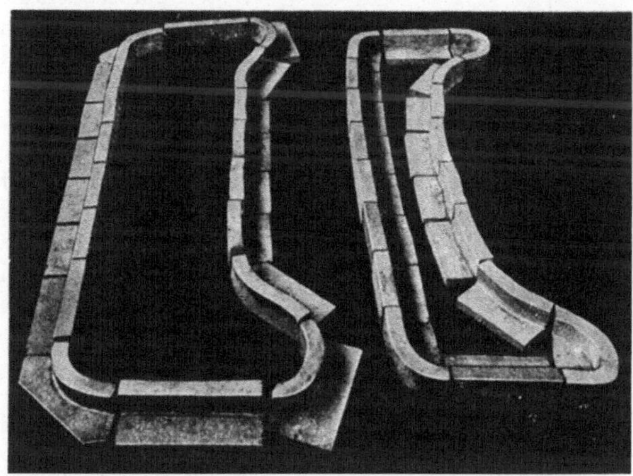

Abb. 5. Zerlegte Schneiden an Stempel und Schnittplatte (Stahlbesatz)

Abb. 6. Befestigung des Stahlbesatzes durch Schweißen. Einzelteile eines Schnittes vor dem elektrischen Verschweißen

Art der Verriegelung, die für grobe Schnitte genügt. Stumpf oder schadhaft gewordene Teile wechselt man durch vorrätige Ersatzteile aus. Bei geschickter Anordnung der Teilfugen sind die Herstellungskosten gering, so daß der Mehraufwand an Arbeit für die gegenseitige Verriegelung der Einzelteile mehr als aufgehoben wird. Auf Kosten der Auswechselbarkeit kann man die Zentrierarbeit bei solchen Ausführungen durch Schweißen ersetzen. Abb. 6 zeigt Schnittplatte und Stempel, Abb. 7 eine Schnittzeichnung. Darin ist A (A_1) die Grundplatte, C (C_1) der auf das weiche SM-Stahlstück aufgeschweißte, gehärtete Schneidenstahl. B ist mit A verschraubt und verstiftet.

Bei vielgestaltigen Umrißformen ist es wirtschaftlicher, den Stempel nicht aus einzelnen gebogenen Messern herzustellen, sondern die gewünschte Ausschnittform in Segmente zu zerlegen, derart, daß aus einem rechtwinkligen Stück Stahl ein günstig zu

Abb. 7. Schnittzeichnung zu Abb. 6
$a = 25$ bis 30 mm; $b = 80$ bis 125 mm; $c = 25$ bis 30 mm; h hängt von der Konstruktion des Schnittwerkzeuges ab

bearbeitender und anzupassender Teil der Ausschnittform herausgearbeitet wird (Abb. 8).

Den Grundsatz des Zerlegens eines Stempels findet man bei kleinen Stempeln angewendet, teils aus Gründen der Werkstoffersparnis, teils zur Herabsetzung des Herstellungswagnisses.

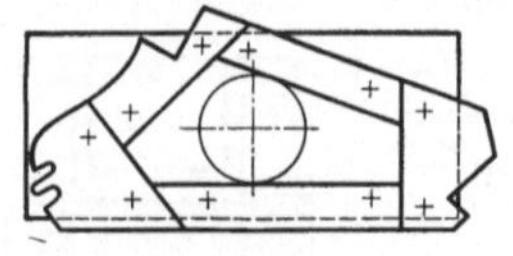

Abb. 8. Aus Segmenten zusammengesetzter Stempel (Unteransicht)

Bei einer Schnittform nach Abb. 9 wäre es Verschwendung, den Stempel aus dem Vollen herauszuarbeiten. Die Verriegelung der Flachstähle geht aus dem Bild hervor. Unter Umständen zwingen allein die Härtespannungen bzw. das Verziehen zu einer Zusammensetzung aus Teilen (Abb. 10). Sind an den Verriegelungsstellen Abrundungen gefordert, so lassen sich diese auch bei zusammengesetzten Stempeln meistens durch Schleifen herausholen.

6. Stempelversteifungen. Arbeiten kleine Schnittstempel in dickem und festem Werkstoff, so kann der gewählte Werkzeugstahl nicht gut genug sein, weil die Schneidenbeanspruchung bis an die Festigkeitsgrenze der heute bekannten besten Stähle heranreicht. Der Erfahrungssatz: geringster Stempeldurchmesser gleich Stoffdicke dürfte den Durchschnitt treffen. Jedoch ist die Schneidenbelastung für die Stempelbemessung nicht der allein gültige Maßstab; die Knickgefahr zieht meistens viel früher eine untere Grenze. Bei einem Verhältnis von kürzester Querschnittseite (oder Durchmesser) zu freier Stempelhöhe von etwa 1 : 5 bis 1 : 8 müssen die Knickkräfte geprüft werden. Muß das genannte Verhältnis

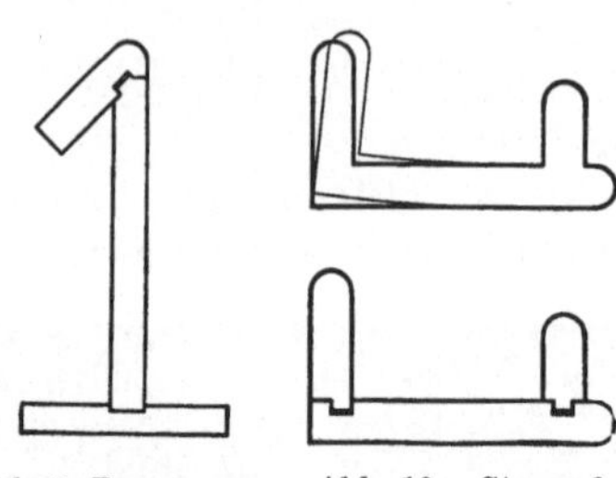

Abb. 9. Zusammensetzung eines Stempels aus Flachstahlstücken

Abb. 10. Stempel ungeteilt und geteilt

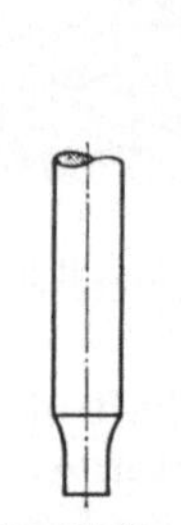

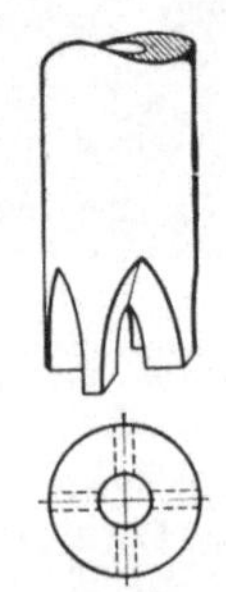

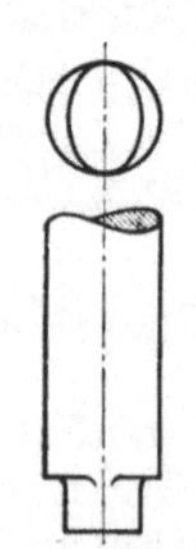

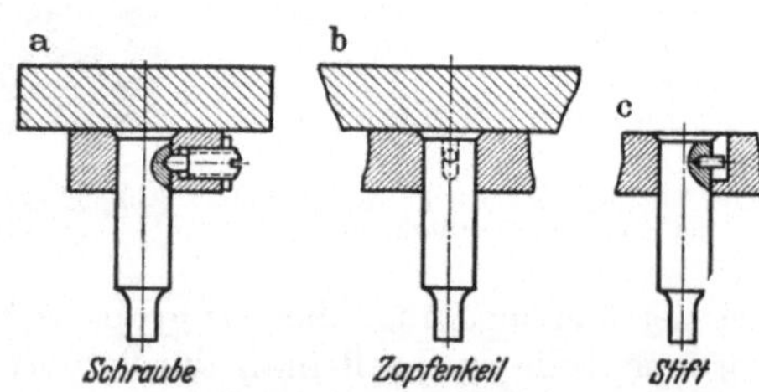

Abb. 11. Versteifter einfacher Stempel

Abb. 12. Versteifung von 4 schwachen rechteckigen Stempeln

Abb. 13. Stempelprofil kurz. Schaft von maschinell leicht herstellbarer Form

Abb. 14 a—c. Stempelsicherungen gegen Verdrehen a) Gewindestift nach DIN 553 oder mit Innensechskant nach DIN 914; b) Zapfenkeil; c) Stift

überschritten werden, so verstärkt man zweckmäßig den Schaft zu einem größeren Querschnitt (Abb. 11) oder man setzt z. B. wie in Abb. 12, 4 schwache Stempel kurz an einen kräftigen Schaft an. Dieses Verfahren läßt sich allgemein erweitern: An Stelle eines Stempels, der auf seiner ganzen Länge die Form eines Querschnittes hat, verwendet man einen Stempel, dessen Schaftform maschinell leicht und genau zu fertigen ist (etwa ein umschriebener Kreis, wie in Abb. 13, oder ein umschriebenes Rechteck), womit zugleich die Herstellung der Kopf- und Führungsplatte verbilligt wird. Der eigentliche Schneidenquerschnitt bleibt nur einige Millimeter hoch. Den richtigen Einbau solcher Stempel sichert man nach Abb. 14a—c.

Mit diesem Verfahren ist ein Mehraufwand von teurem Werkstoff verbunden, der vermieden werden kann, wenn man entweder nach Abschnitt 4 und 5 den Stempel unterteilt und nur den Schneidenteil aus Werkzeugstahl herstellt, oder wenn man den Stempel dadurch versteift, daß man einen Mantel aus billigerem Werkstoff über ihn zieht. Für runde Stempel haben sich zwei Formen herausgebildet (Abb. 15 u. 16). Angewandt werden sie immer, sobald die Ersparnis an Werkzeugstahl die erhöhten Herstellungskosten übertrifft. Um diese herabzusetzen, entstand die Ausführung Abb. 16. Sie ist da angebracht, wo die Herstellung einer langen, genau zentrischen Bohrung wegen des geringen Stempeldurchmessers Schwierigkeiten macht. Werden mit abnehmenden Stempeldurchmessern oder bei Mehrfachschnitten durch das dichte Aufeinanderrücken der Stempel die obigen Lösungen untauglich, so teilt man die Versteifungen und klemmt die Stempel durch Schrauben oder Stifte in Einfräsungen (Abb. 17). Die Stempelversteifungen

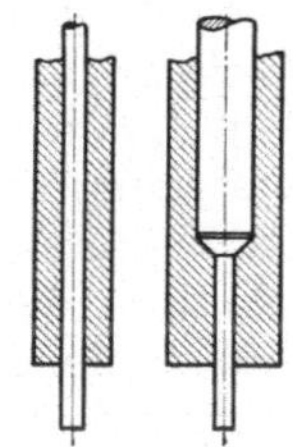

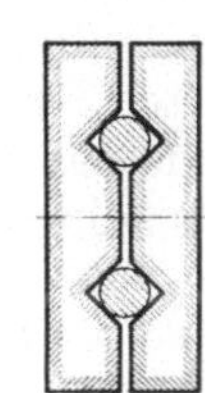

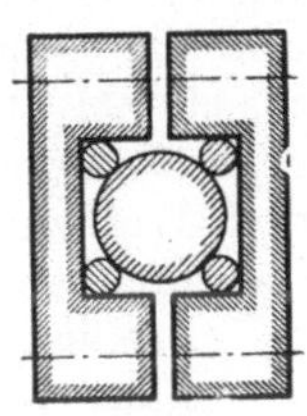

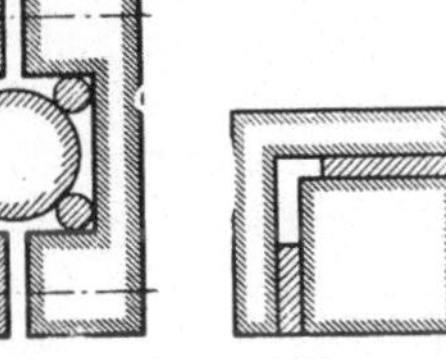

Abb. 15   Abb. 16

Abb. 15 u. 16. Versteifung dünner Stempel durch Hülsen

Abb. 17
Stempelversteifung bei Vierlinienanlage

Abb. 18
Stempelversteifung bei Dreilinienanlage

Abb. 19

Abb. 20

Abb. 19 u. 20. Versteifung der Stempel durch Beilagen

werden in einem Arbeitsgang hergestellt oder in je einer Einfräsung mit Zentrierleiste und Dreilinienanlage (Abb. 18). Damit die Stempel nicht gebogen werden, ist genaueste Maßhaltigkeit hinsichtlich der Mittenentfernung geboten. Naturgemäß wachsen diese Schwierigkeiten mit der Zahl der Stempel und der Anzahl der Ebenen, in denen die Stempel angeordnet sind. Häufig kann man durch zweckmäßige Anordnung diese Arbeiten vereinfachen (Abb. 19). Die Grundsätze, nach denen man hierbei verfährt, sind weiter unten bei der Besprechung der geteilten Schnittplatten angeführt. Die Versteifung profilierter Stempel läuft meistens darauf hinaus, das Profil mit Rücksicht auf eine Werkzeugführung zu einem möglichst einfach herzustellenden Vieleck zu vervollständigen (Abb. 20). Bei jeder Inbetriebnahme von Schnittwerkzeugen, die mit versteiftem Stempel arbeiten, ist zu beachten, daß die Stempel nie weiter durch die Schnittplatte gehen dürfen, als es der frei aus den Versteifungen ragenden Länge des Stempels abzüglich Werkstoffdicke entspricht.

7. Werkstoff für die Stempel. Der Stempel ist der am höchsten beanspruchte Teil des Werkzeuges. Die Höhe bei der Belastung schwankt jedoch je nach Dicke und Widerstand des zu bearbeitenden Bleches. Die zulässige Beanspruchung ist außerdem von der Höchststückzahl abhängig, die das Werkzeug herstellen muß. So werden viele Stahlarten für die Herstellung des Stempels in Vorschlag gebracht (s. Heft 59, Tabelle 1 u. 2).

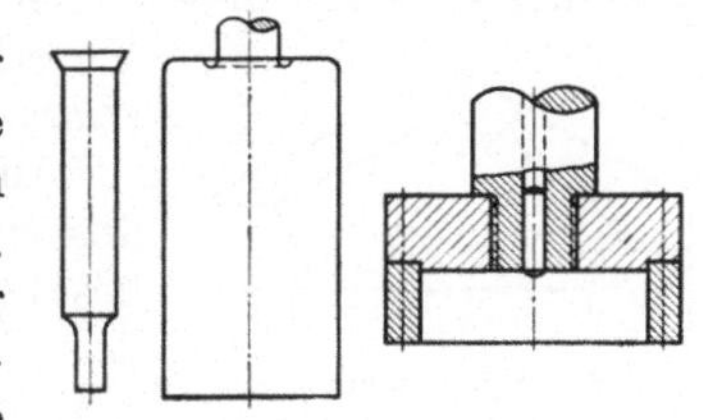

Abb. 21. Beispiele von Stempelformen aus AWF-Blatt 5909

8. Allgemeine Normen und Werksnormen. Um Zeit zu sparen, legt man gerne häufig vorkommende Teile von Werkzeugen fertig oder möglichst weit vorgearbeitet auf Lager. Die damit verbundene Vereinheitlichung und Formbeschränkung wirkt sich wohltuend für die Betriebsführung aus. Ständig wiederkehrende Stempelformen sind z. B. die Nadeln. AWF-Blatt 5909 legt für Schnittstempel von 0,8 bis 300 mm ⌀ Richtwerte vor[1] (Abb. 21).

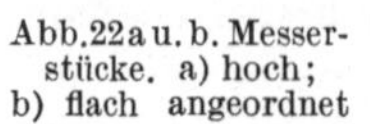

Für manche Werkstätten ist es ratsam, für Stempelköpfe je nach Größe aus St. 37.11 gesenkgeschmiedet oder aus Stahlguß, also für Zapfen und obere Platte in einem Stück ähnlich Abb. 3, Werksnormen zu schaffen.

Abb. 22 a u. b. Messerstücke. a) hoch; b) flach angeordnet

Wo viel mit Werkzeugen nach Abb. 5 gearbeitet wird, kann man Messer nach Abb. 22 normen und auf Lager halten. Sie können hoch und flach für Stempel und Schnittplatte verwandt werden.

C. Formgebung der Schnittplatte

9. Verwendung von Hilfsstoffen. Bei der Gestaltung der Schnittplatte geht man, um Werkzeugstahl zu sparen, ähnliche Wege, wie bei der Stempelherstellung. Hier wie dort lassen sich SM-Stahlstücke im Einsatz härten, verschleißfeste VT- oder Manganstähle in Naturhärte verwenden. Manchmal findet man anstatt einer aus einem vollen Stück Werkzeugstahl herausgearbeiteten Schnittplatte ein Werkzeugstahlblech in Gebrauch (Abb. 23), dem man durch Hohlpressen die notwendige Steifigkeit gibt. Das Hinterarbeiten der Schnittkanten erübrigt sich. Eine solche Schnittplatte ist leicht, kostet wenig und läßt sich wegen des geringen Gewichtes bequem handhaben und aufbewahren. Den Arbeitsverhältnissen eines vielgestaltigen und feinen Schnittes (vorspringende Ecken) wird eine derartige Schnittplatte allerdings nicht gerecht. Die technisch bessere Lösung ergibt sich für die gleichen Arbeitsverhältnisse bei Anwendung von Verbundstahl, bei dem ein Werkzeugstahlblech warm auf SM-Stahl aufgewalzt ist. Solche Verbundstähle erhält man in Tafelform mit aufgewalzter Werkzeugstahlplatte oder als Flacheisen mit eingewalzter Werkzeugstahlkante. Für die Bearbeitung dünner Bleche hat sich dieser Werkstoff bewährt. Seine geringe Neigung zum Verziehen beim Härten ist bemerkenswert. Wo Verbundstahl nicht zur Verfügung steht, kann man sich auch durch Einlöten einer Stahldrahteinlage (Abb. 24) helfen. Auch kann man heute die Schnittkanten in hochwertigem Stahl aufschweißen oder bei großen Stücken mit verwickeltem Innenprofil die Schnittplatte fertig gießen lassen.

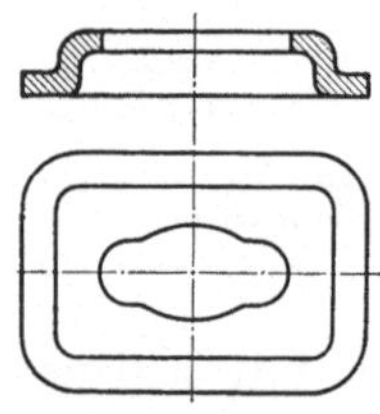

Abb. 23. Schnittplatte aus hohlgepreßtem Werkzeugstahlblech

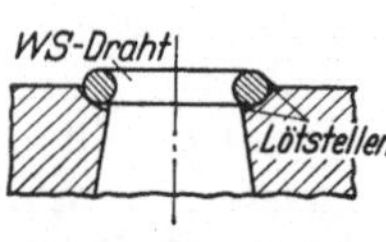

Abb. 24. Schnittplatte mit eingelöteten Schneiden aus Werkzeugstahldraht

10. Unterteilen und Zusammensetzen der Schnittplatte. Die bewußte und den jeweiligen Verhältnissen angepaßte Anwendung des im Verbundstahl benutzten Unterteilungsgrundsatzes führt zur Ausbildung der *Grundplatte* (Abb. 4).

Auf die Vorteile des Zusammensetzens von Stempeln aus einzelnen Messerteilen ist oben hingewiesen. Messerbesatz (Abb. 5) und Teilung in Segmente (Abb. 8) sind in der gleichen Weise auch auf Schnittplatten anwendbar: z. B. Abb. 25. Bei großen Schnittplatten mit vielgestaltiger

Abb. 25. Schnittplatte, aus Segmenten zusammengesetzt

---

[1] Die AWF-Stanzerei-Blätter und die DIN-Normblätter sind beim Beuth-Vertrieb, Berlin W 15, Uhlandstr. 175 und Köln, Friesenplatz 16, zu beziehen. Dort ist auch ein Verzeichnis der erschienenen Blätter erhältlich. Maßgeblich ist stets die neueste Ausgabe eines Normblattes.

Form ist diese Anordnung zweckmäßig, solange man die Teilungen so legen, die Grundplatte so gestalten kann, daß die freischneidenden Teile nicht zu lang werden. Die Teilung der Schnittplatte an sich ist empfehlenswert, weil dadurch die teuere Innenarbeit wegfällt. Bei einigem Geschick in der Zerlegung setzt sie Herstellungskosten und Wagnis wesentlich herab. An die Teilung einer Schnittplatte werden mancherlei Ansprüche gestellt. Die Schnittplatten eines Blockschnittes (Abb. 26 u. 27) dienen der Herstellung eines kleinen Rädchens (Abb. 28). Die Beanspruchung der Schneiden für die Radarme ist besonders hoch im Verhältnis zu denen für den

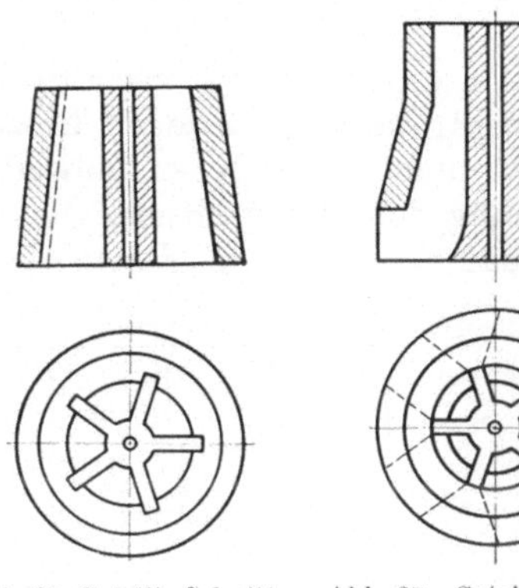

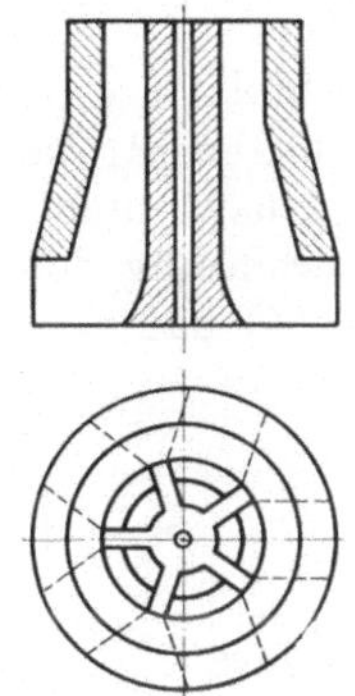

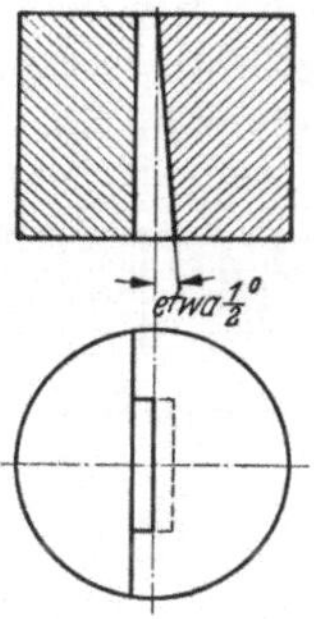

Abb. 26. Geteilte Schnittplatte, auf Amboßplatte zu stellen

Abb. 27. Geteilte Schnittplatte, unterer Teil als Amboßplatte dienend

Abb. 28. Stanzteil

Abb. 29. Aus Herstellungsgründen geteilte Schnittplatte

inneren Radumfang. Die Anordnung (Abb. 26) besteht aus einem kegelförmigen Schnittring für den inneren Radumfang. Dieser Ring ist mit seinen der Verriegelung dienenden Nuten leicht herzustellen, ebenso das Armkreuz für sich, das von allen Seiten zugänglich ist. Die Gefahren beim Härten, die bei der Herstellung aus einem Stück besonders groß waren, sind herabgesetzt. Die Güte des Werkstoffes und der Grad der Härtung des Schnittringes und des Schnitteiles für das Armkreuz lassen sich den Beanspruchungen anpassen. Mit der unteren Fläche stützt sich die gesamte Schnittplatte auf eine Gesenk- oder Amboßplatte ab.

Bei Abb. 27 ist die Schnittplatte für den Außenring über die Schnittplatte für das Speichenkreuz geschoben. Diese hat unten einen ausgedrehten Rand, auf den sich der äußere Schnittring abstützt. Nuten erübrigen sich, da Stifte in diesem Rand ein Verdrehen verhindern.

Bei kleinen Schnittplatten ist es oft unmöglich, die innere Form zu bearbeiten. In solchen Fällen ist Teilen nicht nur eine wirtschaftliche, sondern auch eine technische Notwendigkeit (Abb. 29). Die Art der Teilung läßt deutlich erkennen, daß vor allem billige Herstellung erstrebt wurde. Dieser Weg kommt nur für sehr flache, einseitig durch eine gerade Linie begrenzte Schnitte in Frage. — Hat das auszuschneidende Teil eine Spiegelungsachse, so legt man die Teilung mit dieser zusammen, weil dadurch die an den beiden Schnittplatteteilen herauszuarbeitenden Profile gleich sind, also gleichzeitig gefräst werden können (Abb. 30). Die Hälften werden durch Paßstifte aneinander befestigt. Die Druckbeanspruchung beim Schneiden muß

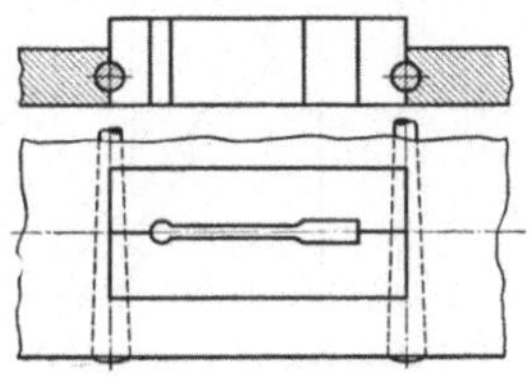

Abb. 30. Aus Preisgründen geteilte Schnittplatte

durch besondere Mittel abgefangen werden (ähnlich den in Abb. 25 erwähnten). Neuerdings tritt hierzu auch die Schrumpfverbindung.

Die Teilfugen mit der Spiegelungsachse zusammenfallen zu lassen, ist namentlich auch bei mehrfacher Spiegelung der Form empfehlenswert. Die Schnittplatte (Abb. 31) zur Herstellung kleiner Ankerscheiben hat 6 Spiegelungen, besteht also aus 12 gleichen Flächen, zu deren Herstellung nur ein Formfräser notwendig ist. Eine ganze Reihe dieser Einzelteile kann gleichzeitig hergestellt und auf Vorrat gehalten werden, so daß beim Brechen eines Zahnes sogleich Ersatz zur Hand ist. Durch Paßstifte werden die Einzelteile in die richtige Lage zueinander gebracht. — Darüber hinaus ist es nur ein kleiner Schritt, für solche Formstücke, die laufend wiederkehren, wie Abrundungen usw., Werksnormen einzuführen, die sich für alle möglichen Schnittplatten verwenden lassen.

Bei Mehrfachschnitten wird man die Schnittplatte nur dann aus *einem* Stahlstück ausarbeiten, wenn das Einsetzen von Stücken für die verschiedenen Einzelschnitte in die Grundplatte aus Raummangel usw. nicht möglich ist. Zuweilen scheitert die Verwendung von Mehrfachschnitten an der mangelnden Genauigkeit. Unter diesen Um-

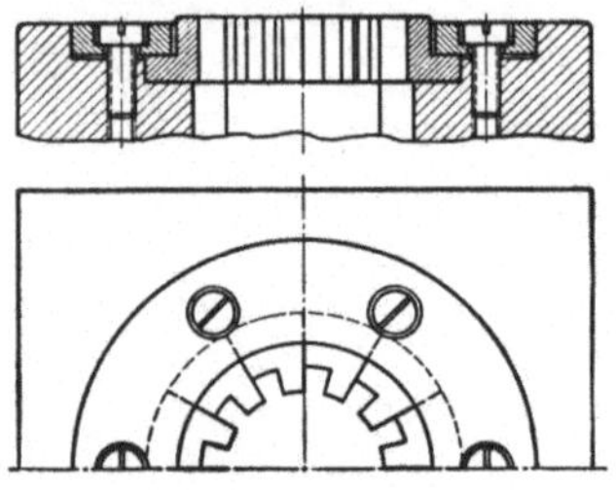

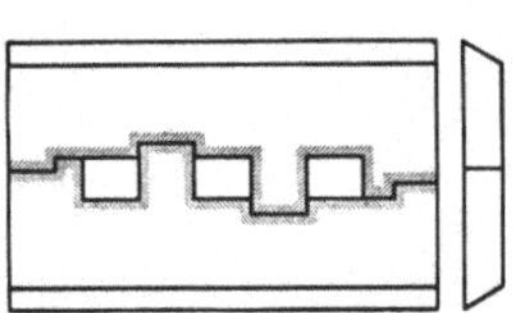

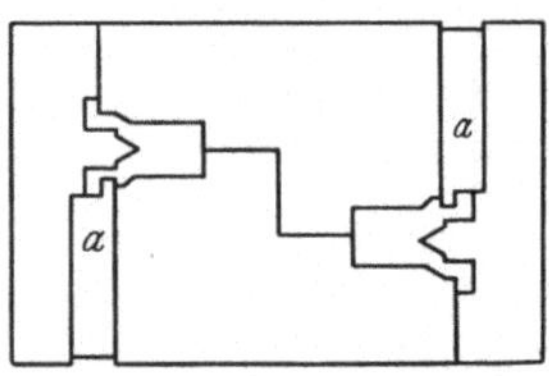

Abb. 31. Zwölfteilige Schnittplatte mit 6 Spiegelungen   Abb.32. Geteilte Mehrfachschnittplatte (Teile haben gleiches Profil)   Abb. 33. Geteilte Mehrfachschnittplatte, aus 3mal je 2 gleichen Teilen bestehend

ständen kann ein Zerlegen der Schneiden zum Erfolg führen (Abb. 32). Diese Schnittplatte liefert drei gleiche Ausschnitte. Die Teilung ist so gelegt, daß sich 2 gleiche Stücke ergeben, die bequem miteinander herzustellen sind. Die gegenseitige Verriegelung ergibt eine steife, widerstandsfähige Schnittplatte.

Die Einzelteile werden auf der Grundplatte durch Schwalbenschwanz, Paßstifte und Zylinderkopfschrauben befestigt. Diese Befestigung ist nicht sehr günstig (s. Abb. 105), wird aber in der Pforzheimer-Industrie häufig verwendet. Wie das Zerlegungsverfahren die genaue Herstellung vielgestaltiger Formen in Mehrfachschnitten erleichtert, läßt Abb. 33 erkennen. Diese Schnittplatte besteht aus 6 Teilen, von denen je zwei gleich sind. Die Schnittplatte paßt in eine Aussparung der Grundplatte, auf der die einzelnen Teile mit Zylinderkopfschrauben befestigt sind. Ausgenommen sind die schmalen eingeschobenen Teile *a*, die durch Druckschrauben gegen die Anschlagfläche der äußeren Teile der Schnittplatte gepreßt und durch eine schräge Seitenfläche von dieser gehalten werden, damit sie sich unter dem Arbeitsdruck nicht herausheben können. — Für besonders kleine Mehrfachschnitte empfiehlt sich zuweilen der in Abb. 34 dargestellte Weg, wobei der Steg durch Wahl von Höhe, Werkstoff und Härtung der Beanspruchung angepaßt werden kann.

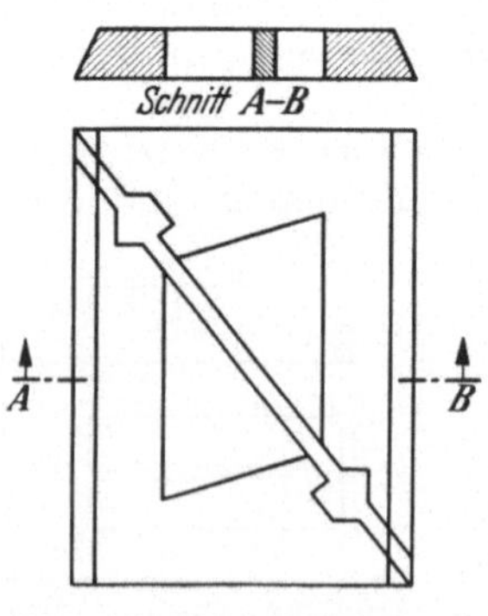

Abb. 34. Geteilte Schnittplatte mit Mittelsteg

Liegen die herzustellenden Durchbrüche so eng zusammen, daß dennoch das Teilen Schwierigkeiten macht, so hilft man sich dadurch, daß man das Arbeitsstück in zwei oder drei Durchleitungen durch das Werkzeug fertig stanzt bzw. den Blechstreifen aufschneidet. In solchen Fällen kann der Abstand der Schnittplatten-Durchbrüche das Zwei- oder Mehrfache des Lochabstandes im Blechstreifen betragen. Bemerkenswert ist die Schnittplattenteilung der Abb. 35. Solche Teilungen kommen der Einführung von Normteilen nahe, ebenso die Lösung nach Abb. 36 u. 37: Aus zwei Formstücken sind Schnittplatten für Schlitze verschiedener Länge leicht herzustellen. Sinngemäß lassen sich die Verfahren der Schnittplattenteilung auch auf die Stempelkopfplatte usw. übertragen.

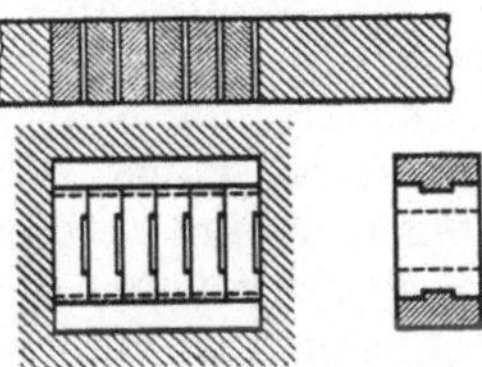

Abb. 35. Aus Herstellungsgründen vielfach zerlegte Schnittplatte

11. Werkstoffauswahl. Hier sei auf Abschn. 7 verwiesen.

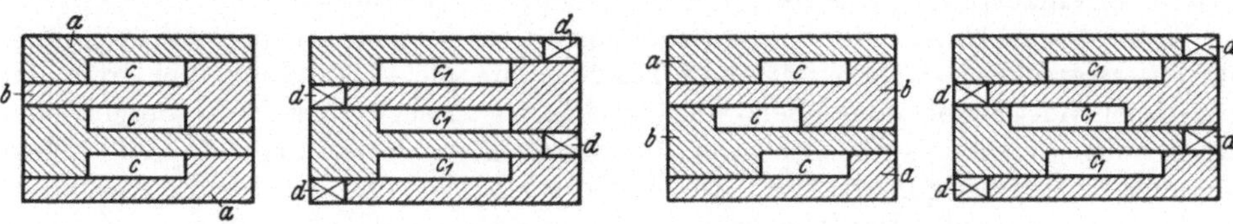

Abb. 36

Abb. 37

Abb. 36 u. 37. Geteilte, verschieden einstellbare Schnittplatten

a Außenstücke; b Innenstücke; c u. c_1 einstellbare Durchbruchlängen in der Schnittplatte; d eingelegte Paßstücke

Unter Umständen ist auch für Schnittplatten die Verwendung gezogener Edelstähle empfehlenswert. So lassen sich z. B. die unter Abb. 29 dargestellten Schnittplatten aus Präzisionsstahl, blank gezogen und poliert nach DIN 175 ausführen.

Andererseits können bei geringerer Beanspruchung auf Formänderung sprödere Werkstoffe, wie Hartmetalle, verwandt werden. Diese einseitige Verwendung von Hartmetall nur für die Schnittplatte kann bis zur Erreichung der gleichen Gratbildung Stückzahlen je Scharfschliff ermöglichen, die das fünf- bis achtfache von guten Schnittstählen ausmachen. Nach der lebhaften Entwicklung der Maschine für Funken-Erosion wird die Verwendung der Hartmetalle näher gerückt. Zudem bietet dieses Arbeitsverfahren die Möglichkeit, auch gehärtete Schnittplatten auszuarbeiten.

12. Allgemeine Normen und Werksnormen. Runde Schnittplatten kommen sehr oft vor. AWF-Blatt 5912 enthält Richtlinien für die Bemessung solcher Platten. Es sei in diesem Zusammenhang auf die verschiedenen Formen von Scherenmessern hingewiesen, die ebenfalls verwendet werden können (Abb. 38a—c).

Abb. 38a—c. Scherenmesser
a) glatt, alle vier Längskanten brauchbar; b) mit Zuschärfung, zweiseitig brauchbar; c) mit Zuschärfung und Freiwinkel, vier Längskanten brauchbar

II. Übertragung der Pressenbewegung auf das Werkzeugoberteil

Die Stößelbewegung und der Druck der Presse werden auf das Werkzeug entweder durch unmittelbare Verbindung eines Werkzeugteiles mit dem Stößel oder allein durch Kraftschluß übertragen.

A. Bewegungsübertragung durch starre Verbindung

13. Ansprüche an die Verbindung. Der Arbeitsgang beginnt mit Leerlauf bzw. für das Werkzeugoberteil mit Zugbelastung infolge des Eigengewichtes. Plötzlich kehrt sich die Beanspruchung in Druck um. Dann geht die Belastung durch Null, wendet sich während des Abstreifens wieder in Zugbelastung und geht schließlich auf den Anfangswert zurück. Schlagartig wird die Presse stillgesetzt. Scherschrägen suchen das Werkzeug waagerecht zu drehen, unsymmetrischer Kräfteangriff bewirkt Biegungsbeanspruchungen, ungleiche Blechstärke hat in gewissen Grenzen beides zur Folge. Alle diese Vorgänge, in schnellem Wechsel aufeinanderfolgend, stellen an eine Verbindung, die in jedem Belastungszustand unbedingt starr bleiben muß, Ansprüche, denen man nur in begrenztem Maße gerecht werden kann. Schließlich ist die zweiteilige Form des Werkzeuges nicht bedeutungslos. Bei jeder Verbindung ist zu kontrollieren, in welchem Maße sie die Stellung des einen Werkzeugteiles zum anderen festlegt oder ob sie das eine Werkzeugteil dem anderen gegenüber einzustellen gestattet, ohne an Starrheit einzubüßen.

Unter diesen Umständen ist es Regel geworden, für jede Beanspruchungsart je ein besonderes Befestigungsmittel vorzusehen, um die Verbindung nicht den ungünstigen Wirkungen eines Belastungswechsels — Belastungsschwankungen sind kaum auszugleichen — auszusetzen: Zur Übertragung der Druckkraft kommt fast immer eine sorgfältig gearbeitete Anlagefläche zur Verwendung, für die Aufnahme der Drehmomente eine Reibverbindung oder eine Anschlagfläche. Für die Aufnahme der Zugbeanspruchung kann man fast alle vorkommenden Befestigungsmittel verwerten.

14. Der Zapfen als Verbindung zwischen Maschine und Werkzeug. Der Befestigung des Werkzeugoberteils im Stößel kommt als Übergang von der Maschine zum Werkzeug besondere Bedeutung zu. Neben den obenerwähnten Forderungen hat eine solche Verbindung folgende Bedingungen zu erfüllen:

1. Leichte Handhabung (schnell aus- und einspannen);

2. gegenseitige Austauschbarkeit, um mit den vorhandenen Werkzeugen jede Presse arbeiten lassen zu können;

3. wirtschaftliche Herstellungsmöglichkeit.

Die Verbindung zwischen Maschine und Werkzeug läßt sich durch Zapfen herstellen, die sich am Werkzeug befinden und in entsprechende Vertiefungen im Stößel passen. Für diese Zapfen sind in DIN 810 die Form und Abmessungen genormt (Abb. 39 und Tabelle 1). Der Zapfen ist zylindrisch mit einer schrägen Anfräsung für eine Druckschraube, die die zur Überwindung der Zugbeanspruchung notwendige Reibung erzeugt. Durch schräge Lage der Anfräsung ist es dem Zapfen unmöglich, einer Zugkraft nach-

Tabelle 1. (zu Abb. 39)
Auszug aus DIN 810

d	Zapfen			
Passung: Bohrung $H\,7$ Zapfen $h\,6$	l	z	a	b
8	22	3	19	3
10	25	3	19	3
12	28	3	19	3
16	32	5	28	3,5
20	40	5	28	3,5
25	45	6	35	4
32	56	6	35	4
40	72	8	55	7
50	80	8	55	7
65	100	8	55	7
(80)	125	10	78	9

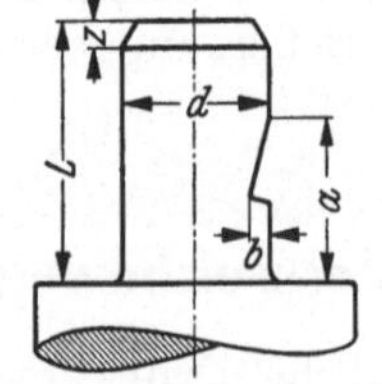

Abb. 39. Spannzapfen nach DIN 810. Schräge der Anfräsung 15° (s. Tab. 1)

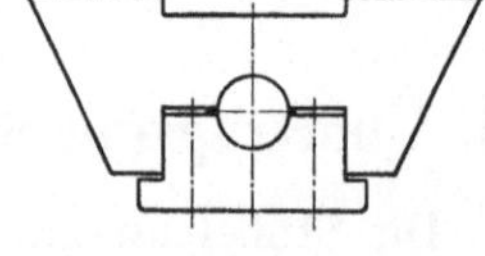

Abb. 40. Stößel im Spannteil geteilt

zugeben, weil ein erhöhter Anpressungsdruck die Folge wäre. Bequemes Handhaben und gutes Einpassen ermöglichen geteilte Stößel (Abb. 40). Sie vergrößern die Reibungsfläche. In der Pforzheimer Schmuckwarenindustrie werden viele

Stanzarbeiten unter Fallhämmern ausgeführt, weil sich diese leicht und schnell auf die notwendige Umformungsenergie einstellen lassen. Hierzu muß das Werkzeug mit beträchtlicher Vorspannung in der Maschine befestigt werden können. Diese Vorspannung darf auch durch häufiges Spannen und Lösen (kleine Stückzahlen je Los) nicht beeinträchtigt werden. Deswegen benutzt man unter solchen Umständen die Keilverbindung Abb. 41 nach DIN 811.

15. Verbindung zwischen Zapfen und Werkzeug. a) *Stempel* und *Zapfen* aus einem Stück ergibt die einfachste Form. Sie ist anwendbar, wenn der Stempelquerschnitt das Zapfenmaß um eine Fläche überragt, groß genug, um die Druckkräfte

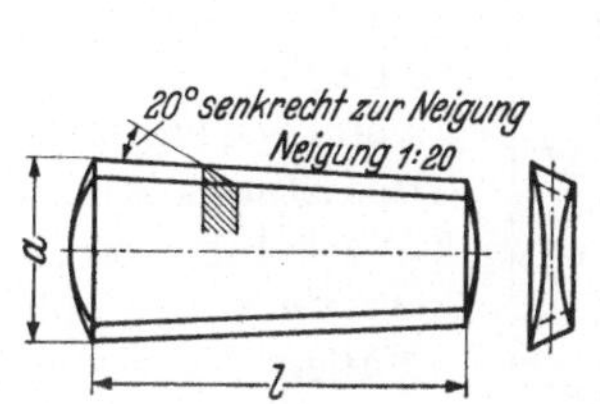

Abb. 41. Schwalbenschwanzkeil nach DIN 811. Werkstoff St 60.11

l	72	80	90	100 mm
$a =$	28,6	36	44,5	55 mm

(Ausführliche Angaben im Normblatt)

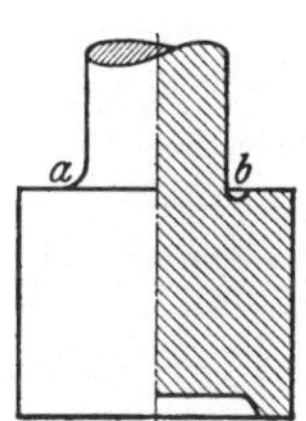

Abb. 42. Einstückstempel. Übergang a oder b

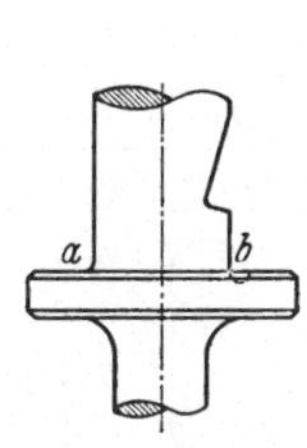

Abb. 43. Einstückstempel mit Anlagebund. Übergang a oder b

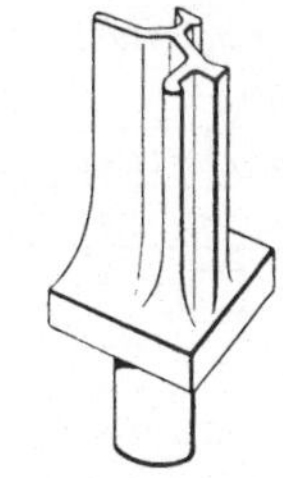

Abb. 44. Einstück-Formstempel

auf den Stößel zu übertragen (Abb. 42), sonst wird ein Bund unvermeidlich (Abb. 43). Der Zapfen darf keinesfalls scharfkantig in die Anschlagfläche übergehen. Er würde infolge der dauernden Belastungsänderungen infolge Kerbwirkung abplatzen. Richtig sind die Ausführungen a und b in Abb. 42 u. 43. Einen starken Auftrieb erhielt die Benutzung der „Einstückstempel" beim ungeführten Schnitt durch die Entwicklung der Form-Hobelmaschine (Abb. 44).

b) Der Zapfen ist im Stempel befestigt. Bei zunehmender Stempelgröße setzt man aus Gründen von Werkstoff- und Lohnersparnis, auch um Härtespannungen im Einspannzapfen und dadurch Bruchgefahr zu vermeiden, den Zapfen als besonderen Teil ein (Abb. 45). Die Tab. 2 bis 5 geben genormte Befestigungsmittel, Tab. 6 die Baustoffe für den Schnittbau an.

16. Zwischenschaltung eines Stempelkopfes. Bei größeren Schnittstempeln, die leicht hohen Bie-

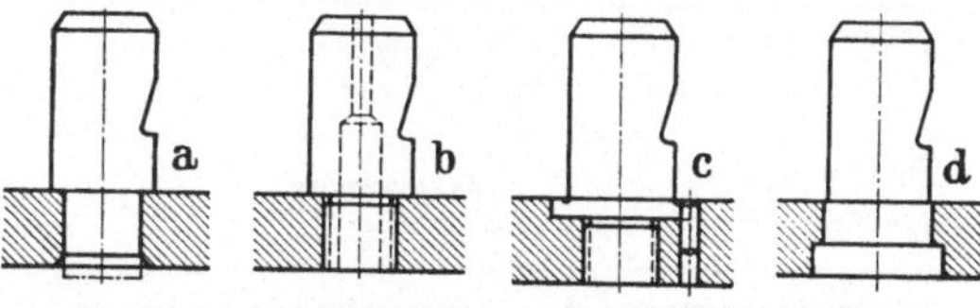

Abb. 45a—d. Zapfenbefestigung nach AWF-Blatt 5901 a) für kleine Werkzeuge (nicht für gußeiserne Stempelkopfplatten); b) u. c) für mittlere; d) für schwere Werkzeuge; bei c) Kegelstift in zylindrisches Loch eindrücken, auch Gewindestift verwendbar

gungs und Drehbeanspruchungen ausgesetzt sind, wendet man vorteilhaft besondere Stempelköpfe entweder aus einem Stück oder zusammengesetzt an. AWF-Blatt 5901 enthält Formen und Abmessungen von Zapfenbefestigungen (Abb. 45). Die Sicherheit gegen Drehen für Form „a" erhöht sich, wenn man die Aussenkung der Platte vor dem Einnieten des Zapfens mit mehreren Kerben versieht. Als Werkstoffe für die Zapfen wählt man St 50.11, St 60.11 oder Einsatzstahl nach DIN 17210 (s. Tab. 6, S. 17). Bei der Nietverbindung nimmt der Nietkopf die Zugkräfte auf, der Lochreibungsdruck wirkt einem Verdrehen entgegen. Aus ihm bestimmt sich der Durchmesser des Nietloches. Zylindrische oder kegelige Anschlagflächen dienen zur Abstützung gegen Biegungskräfte. Wo Einrichtungen zum Herstellen von Preßsitzen vorhanden sind, sind diese billiger als das Nieten. Preß-

Tabelle 2. *Genormte Schrauben für den Schnittbau*

Abbildung	Beschreibung	Norm
	Bolzen mit Gewindezapfen von $d = 8 \ldots 100$ mm $\varnothing$	DIN 1438
	Linsenschrauben mit Ansatz von $d = 2 \ldots 13$ mm $\varnothing$	DIN 923
	Schlüssel und Maulweiten, (an Säulen, Schrauben usw.)	DIN 475
	Durchgangslöcher für Schrauben	DIN 69
	Flügelmuttern von M2 … M24	DIN 315
	gedrehte Scheiben unter Sechskanten	DIN 125
	gedrehte Scheiben unter Bolzen und Zylinderköpfen	DIN 433
	Vierkantschrauben mit Kernansatz von $d = M5 \ldots M24$	DIN 479
	Sechskantschrauben mit Zapfen, kleinem Sechskant und Gewinde bis Kopf von $d = M6 \ldots M36$	DIN 561
	Sechskantschrauben mit Spitze, kleinem Sechskant und Gewinde bis Kopf von $d = M6 \ldots M36$	DIN 564
	Gewindestifte, Schaftschrauben mit Innensechskant und Zapfen von $d = M6 \ldots M24$	DIN 915
	Gewindestifte, Schaftschrauben mit Innensechskant und Spitze von $d = M6 \ldots M24$	DIN 914
	Sechskantschrauben Gewinde annähernd bis Kopf von $d = M1,7 \ldots M52$	DIN 933
	Sechskantschrauben von $d = M1,7 \ldots M150$	DIN 931
	Innensechskantschrauben von $d = M4 \ldots M48$	DIN 912
	Senkschrauben von $d = M12 \ldots M52$	DIN 87
	Stiftschrauben zum Einschrauben in Stahl von $d = M3 \ldots M24$	DIN 938
	Stiftschrauben zum Einschrauben in Grauguß von $d = M3 \ldots M24$	DIN 939
	Ringschrauben mit Bund und Rille von $d = M8 \ldots M100$	DIN 580

sitz kommt jedoch nur in Frage, wenn der Stempelkopf aus Stahl ist. Für Schnitte mit größeren räumlichen Abmessungen genügt der Einspannzapfen in der Mitte der Stempelplatte allein nicht, da sich die Platte beim Hochgehen des Stößels, d. h. beim Herausziehen des Stempels aus dem Werkstoff, verbiegen würde. In solchen Fällen verschraubt man die Stempelplatte durch weitere seitlich angebrachte Schrauben, gegebenenfalls unter Benutzung von Spanneisen, mit dem Pressenstößel. Vielfach dient der Zapfen dann nur zur Zentrierung oder er fehlt ganz (ähnlich Abb. 4 u. 50).

Die geschilderten Stempelköpfe können nunmehr für alle erdenklichen Stempelformen gebraucht, bei großem Bedarf also lagermäßig geführt werden. Lagergrößen empfiehlt das AWF-Blatt 5903.

17. Die Befestigung der Stempel am Stempelkopf ist grundsätzlich auf 2 verschiedene Arten möglich: 1. unmittelbare Befestigung des Stempels im Stempelkopf. 2. Einschalten einer Kopfplatte zwischen Stempel und Stempelkopf. Die Abb. 52 u. 54, 56 u. 58 zeigen verschiedene Stempelbefestigungsarten der ersten Art, Abb. 46, 50 u. 51 solche der zweiten.

Aufgelötet wird der Stempel hauptsächlich in Werkstätten für Galanteriewaren aus Edelmetall und allenfalls Messing. Der Stempelkopf ist auf der Stirnfläche sorgfältig bearbeitet. Der Stempel besteht aus Werkzeugstahl von 5 bis 8 mm Höhe, ist nicht gehärtet und wird mit Zinn aufgelötet. Die Lötung hat die Zugkräfte aufzunehmen. Es ist also auf gleichmäßige Verteilung des Lotes zu achten, damit nicht Biegungsbeanspruchungen im Stempel die Verbindung lokkern. Die Verbindung ist leicht und billig herzustellen. Sie hat den Nachteil, daß eine Lösung des Stempels vom Stempelkopf nur durch Zerstörung der Verbindung möglich ist. Auch Schweißverbindungen (s. Abb. 6 u. 7) und Klemmverbindungen kommen vor.

Vernietung (Abb. 46). Die Stempel stecken in einer stählernen „Kopfplatte" und sind darin vernietet. Die Platte

Tabelle 3. *Genormte Stifte für den Schnittbau*

Zylinderstifte von 0,8…50 mm ϕ	DIN 7
Präzisions-Rundstahl, blank gezogen und poliert d in jedem gewünschten Maß, mit jeder gewünschten Toleranz, 3 Stoffgüten (für Stifte, Säulen usw.)	DIN 175
Spannhülsen schwer / $d = 1,5…50$ mm ϕ leicht	DIN 1481 / DIN 7346
Kegelkerbstifte $d = 1,5…16$ mm ϕ	DIN 1471
Paßkerbstifte $d = 1,5…16$ mm ϕ	DIN 1472
Kegelstifte $d = 0,6…50$ mm ϕ	DIN 1
Kegelstifte mit Gewindezapfen $d = 5…50$ mm ϕ	DIN 258

Tabelle 4. *Normen für Federn*

Schraubenfedern, Zug- und Druckfedern mit rundem Querschnitt	DIN 2075
Federstahldraht, rund, patentgehärtet, federhart gezogen	DIN 2076
Federstahl für Blatt- und Kegelfedern	DIN 17220

wird durch Schrauben am Stempelkopf befestigt, der als Anlagefläche bei Druckbeanspruchung dient; der versenkte Nietkopf nimmt die Zugkräfte auf. In der richtigen Lage gehalten wird der Stempel durch die Bohrung in der Kopfplatte, diese ihrerseits durch die Befestigungsschrauben im Stempelkopf und gegebenenfalls durch besondere Paßstifte.

Mit abnehmender Querschnittsgröße wird der Stempelkopf bei großer Schnittbelastung durch die Aufnahme des Stempeldruckes so hoch beansprucht, daß sich durch die ständigen Stöße eine Ausbuchtung im Stempelkopf ausbildet. Deswegen legt man bei einer Beanspruchung des Stempelkopfes von über 20 bis 25 kg/mm² eine harte Stahlplatte zwischen beide Teile. Die Kopfplatte selbst zeigt meistens die gleichen Durchbrechungen wie die Schnittplatte. Das über diese (Abschn. 10) Gesagte kann hier sinngemäß

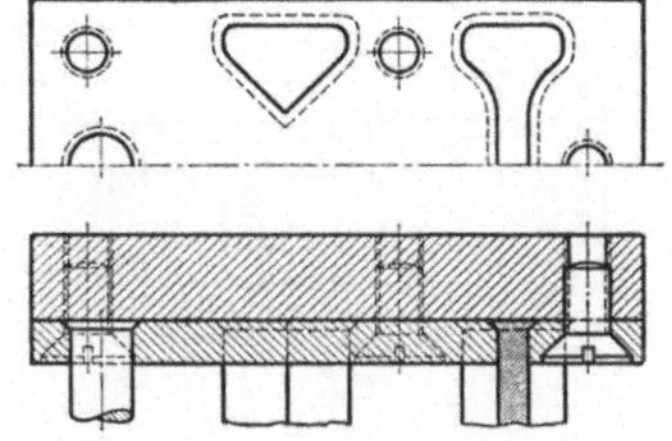

Abb. 46. Nietverbindungen und Kopfplatte. Senkschrauben nach DIN 87

angewandt werden. Wo irgend möglich, vermeidet man jedoch ein Teilen der Kopfplatte und befestigt schmale Stempel, für die die schmalen Durchbrüche in der Kopfplatte schwer herzustellen sind, durch Gegenlagen.

Tabelle 5. *Normen für besondere Einzelteile und Formen*

	Schmierlöcher für Bolzen(und Säulen) von $d_1 = 5...100$ mm ϕ	DIN 1442
	Verschlußscheiben von $d = 3...63$ mm ϕ	DIN 470
	Verschlußdeckel zum Eindrücken von $d = 8...63$ mm ϕ	DIN 443
	Halbrundkerbnägel von $d = 1,4...8$ mm ϕ	DIN 1476
	zylindrische Bohrbuchsen (als Säulenführungsbuchsen)	DIN 179
	Bundbohrbuchsen (als Säulenführungsbuchsen)	DIN 172
bearbeitete T-Nuten		DIN 650
unbearbeitete T-Nuten für Hammerkopfschrauben		DIN 649
Hammerkopfschrauben mit Vierkant zu DIN 649, von M6...M48		DIN 186
Hammerkopfschrauben zu DIN 649, von M10...M100		DIN 261
unbearbeitete T-Nuten für Nutensteine		DIN 651
Nutensteine für DIN 651		DIN 508
Kugelscheiben, Kugelpfannen		DIN 6319
Spanneisen, einfach		DIN 6314
Spanneisen, gekröpft		DIN 6316
Treppenböcke für Spanneisen		DIN 6318
Spannzapfen für Stempel		DIN 810
Schwalbenschwanzkeil für die Stempeleinspannung		DIN 811

Richtmaße für Kopfplatten und die zwischenzuschaltenden harten Stahlplatten hat der AWF in Blatt 5912 festgelegt. Im AWF-Blatt 5908 sind Vorschläge für die Befestigung von Gegenlagen gemacht.

Preßsitz (Abb. 47). Die Kopfplatte erübrigt sich. Der Stempelkopf ist aus Stahl. In seinen Bohrungen sind die Schäfte der Stempel (*1, 2, 3, 4*) eingetrieben. Wenn es eben möglich ist, durchbohrt man den Stempelkopf, so daß man den Stempel zum Auswechseln entfernen kann.

Verschraubung. Bei der Befestigung durch Schrauben erhält entweder der Stempelkopf (Abb. 48) oder der Stempel (Abb. 49) das Muttergewinde. Beide Anordnungen sind einfach zu handhaben; doch ergeben sich bei der Herstellung Schwierigkeiten. In Abb. 48 muß der Stempel eine Versenkung für den Schraubenkopf erhalten, d. h. eine plötzliche Querschnittsänderung — beim Härten ein wunder Punkt. Daraus ergibt sich für diese Lösung die untere Verwendungsgrenze:

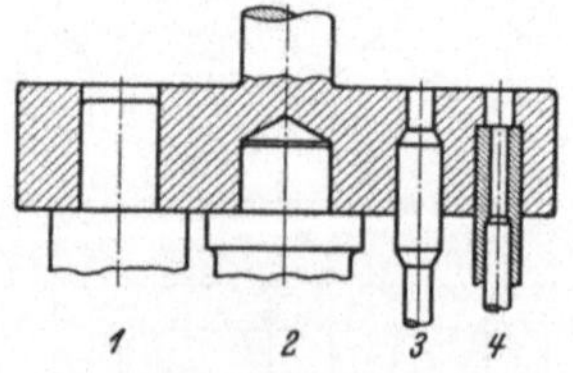

Abb. 47. Preßsitzverbindungen von Stempeln im Stempelkopf

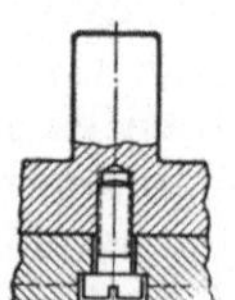

Abb. 48. Verschraubung des Stempels im Stempelkopf. Besser Schrauben mit Innensechskant nach DIN 912

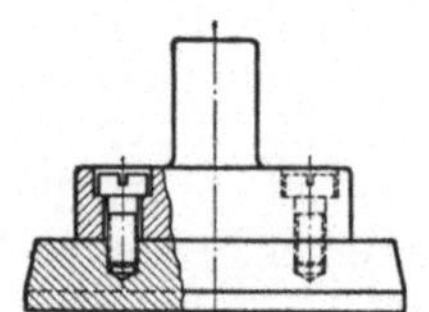

Abb. 49. Verschraubung des Stempels am Stempelkopf

Der Stempel muß so groß sein, daß sich Übergänge allmählich herstellen lassen, es sei denn, man arbeitet mit ungehärtetem Stempel. — In Abb. 49 hat der Stempel das Gewinde. Verzieht er sich beim Härten, so wird die leichte Handhabung fraglich. Die untere Grenze ist durch die Befestigungsmöglichkeit gezogen: Der Stempel muß so groß sein, daß die Schrauben neben dem Einspannzapfen des Kopfes bequem angezogen werden können. In beiden Fällen richtet sich die Anzahl der Schrauben nach der Größe der Zugkräfte und nach der von der Verbindung zu fordernden Starrheit. Je mehr Schrauben, desto teurer die Herstellung, desto umständlicher die Handhabung. Abb. 50 zeigt, wie sich für runde Stempel die untere Grenze durch ein Zwischenstück herabsetzen läßt. Der Stempel wird durch eine durchbohrte Mutter gehalten und stützt sich mit seinem Kopf gegen eine Stahlplatte ab. Einmal angebracht, gestattet diese Verbindung ein Auswechseln des Stempels zum Schleifen oder Austausch gegen einen anderen Durchmesser, usw. Nachteilig ist die große Bauhöhe.

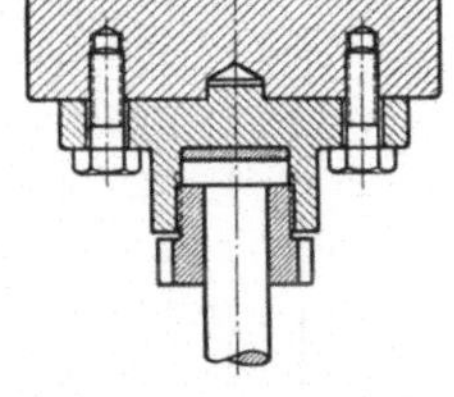

Abb. 50. Verschraubung eines Stempels durch ein Zwischenstück. Sechskantschrauben nach DIN 931

Für flache Stempel findet man unter ähnlichen Verhältnissen Formen nach Abb. 51. Zug und zum Teil auch Druck werden durch Reibungskräfte aufgenommen, die durch Festklemmen des Stempels mit Klemmplatte und vier Schrauben erzeugt wird. Das Anwen-

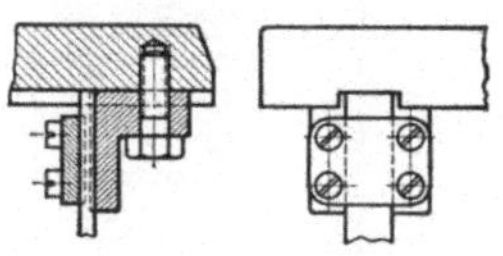

Abb. 51. Verschraubung: Aufnahme von Zug durch von Schrauben erzeugte Reibung

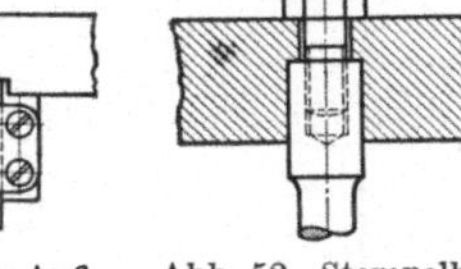

Abb. 52. Stempelbefestigung durch Haftsitz und Zugschraube nach DIN 931

dungsgebiet dieser Einspannung ist natürlich beschränkt. — In Abb. 52 ist der Stempel am Ende verstärkt in den Stempelkopf eingelassen und wird durch eine Schraube gegen den Kopf gezogen. Die Starrheit der Verbindung hängt von der Sitzlänge des Stempels im Kopf ab.

Tabelle 6. *Normen zu Aufbaustoffen im Schnittbau*

DIN 17 100 Allgemeine Baustähle							
Stahlsorte der Gütegruppe			Zugfestigkeit in kg/mm² für Dicken in mm		Streckgrenze in kg/mm² für Dicken		
1 für allgemeine Anforderungen	2 für höhere Anforderungen	3 für Sonderanforderungen	bis 100	über 100 mindestens	bis 16	über 16 bis 40 mindestens	über 40 bis 100
St 33			33 bis 50	—	—	—	—
St 34	St 34—2	St 34—3	34 bis 42	34	21	21	20
St 37	St 37—2	St 37—3	37 bis 45	37	23	24	22
St 42	St 42—2	St 42—3	42 bis 50	42	26	25	24
St 50	St 50—2		50 bis 60	50	30	29	28
		St 52—3	52 bis 62	—	36	35	34
St 60	St 60—2		60 bis 72	60	34	33	32
	St 70—2		70 bis 85	70	37	36	35

Tabelle 6. *(Fortsetzung)*

DIN 17200 Vergütungsstähle

Marke	G weich geglüht Brinell-härte HB 30 kg/mm² höchstens	bis 16 mm ø Streck-grenze kg/mm² mind.	bis 16 mm ø Zugfestigkeit kg/mm²	über 16—40 mm ø Streck-grenze kg/mm² mind.	über 16—40 mm ø Zugfestigkeit kg/mm²	über 40—100 mm ø Streck-grenze kg/mm² mind.	über 40—100 mm ø Zugfestigkeit kg/mm²	Normal glühen °C	Vergüten mit Wasser aus °C	Vergüten mit Öl aus °C	Anlassen auf °C
					vergütet						
Qualitätsstähle											
C 22	155	36	55÷ 65	30	50÷ 60	—	—	880÷910	860÷890	870÷900	530 bis 670 °C
C 35	172	42	65÷ 80	37	60÷ 72	33	55÷ 65	860÷890	840÷870	850÷880	
C 45	206	48	75÷ 90	40	65÷ 80	36	60÷ 72	840÷870	820÷850	830÷860	
C 60	243	57	85÷105	49	75÷ 90	44	70÷ 85	820÷850	800÷830	810÷840	
Edelstähle											
Ck 22	155	36	55÷ 65	30	50÷ 60	—	—	880÷910	860÷890	870÷900	530 bis 670 °C
Ck 35	172	42	65÷ 80	37	60÷ 75	33	55÷ 65	860÷890	840÷870	850÷880	
Ck 45	206	48	75÷ 90	40	65÷ 80	36	60÷ 72	840÷870	820÷850	830÷860	
Ck 60	243	57	85÷105	49	75÷ 90	44	70÷ 85	820÷850	800÷830	810÷840	
40 Mn 4	217	65	90÷105	55	80÷ 95	45	70÷ 85	850÷880	820÷850	830÷860	530 bis 670 °C
30 Mn 5	217	—	—	55	80÷ 95	45	70÷ 85	850÷880	820÷840	830÷850	
37 Mn Si 5	217	80	100÷120	65	90÷105	55	80÷ 95	860÷890	830÷850	840÷860	
42 Mn V 7	217	90	110÷130	80	100÷120	70	90÷105	860÷890	840÷860	850÷870	
34 Cr 4	217	80	100÷120	65	90÷105	55	80÷ 95	850÷880	820÷840	830÷850	530 bis 670 °C
41 Cr 4	217	80	100÷120	65	90÷105	55	80÷ 95	850÷880	820÷840	830÷850	

Klemmung. Schräge mit Zugschrauben (Abb. 53). Der Winkel der Schräge ist von der Größe der Zugkräfte abhängig, die Höhe des Stempelfußes, Zahl und Abmessungen der Schrauben (s. Abschn. 12) von der geforderten Starrheit der Einspannung. Wirtschaft-

Tabelle 6. *(Fortsetzung)*

DIN 1681 Stahlguß			
Güteklasse	Marken-bezeichnung	Zugfestigkeit kg/mm²	Bruchdehnung δ 5%
Normalgüten	GS–38	38	20% bei δ 5
	GS–45	45	16% bei δ 5
	GS–52	52	12% bei δ 5
	GS–50	60	8% bei δ 5
		mindestens	mindestens

DIN 1691 Grauguß					
Güten-klassen	Marken-bezeichnung	Wanddicke in mm	Zugfestigkeit kg/mm²	Biegefestigkeit kg/mm²	Bruchdurch-biegung in mm	Druckfestigkeit kg/mm²
Normaler Grauguß	GG–12	8÷50	12	—	—	etwa das 5fache der Zugfestigkeit
	GG–14	4÷ 8	18	32	2	
		über 8÷15	16	30	4	
		über 15÷30	14	28	7	
		über 30÷50	11	24	10	
	GG–18	4÷ 8	22	38	2	
		über 8÷15	20	36	4	
		über 15÷30	18	34	7	
		über 30÷50	15	30	10	
Hoch-wertiger Grauguß	GG–22	4÷ 8	26	44	3	
		über 8÷15	24	42	5	
		über 15÷30	22	40	8	
		über 30÷50	19	36	11	
	GG–26	8÷15	28	48	5	
		über 15÷30	26	46	8	
		über 30÷50	23	42	11	

liche Herstellung ist da möglich, wo viele Einspannungen mit schwalbenschwanzförmigen Stempelfüßen verwandt werden. Diese Verbindung ist für solche Fälle entworfen worden, in denen der Raum zwischen Stößel und Schnittplatte eng begrenzt ist, so daß es vorteilhaft ist, selbst wenn die Herstellungskosten etwas höher ausfallen, die Stempel seitlich wegnehmen zu können, also beispielsweise bei Lochwerk-

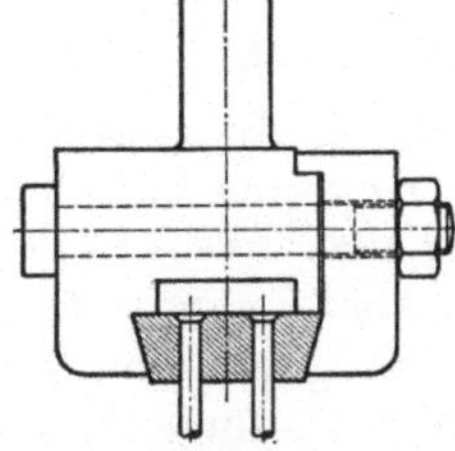

Abb. 53. Befestigung eines Stempelfußes durch Schräge und Zugschraube nach DIN 931

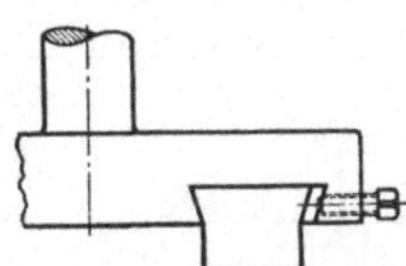

Abb. 54. Befestigung eines Stempelfußes durch Schräge und Druckschraube nach DIN 479 oder 564

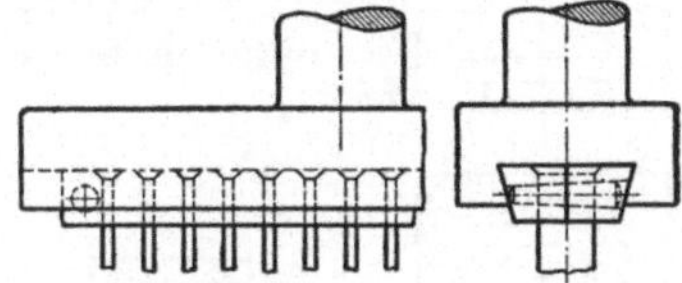

Abb. 55. Geteilter Stempelfuß, durch Schräge gespannt

zeugen, bei denen beim Brechen eines Stempels dieser schnell auszuwechseln sein muß. — In Abb. 54 wird der Stempelfuß durch Leiste und Druckschraube festgeklemmt. Der Stempel kann sich während des Arbeitsweges mit seiner ganzen Fläche gegen den Stempelkopf legen. Die Starrheit der Verbindung ist abhängig von der Höhe und Länge des Schwalbenschwanzes. — In Abb. 55 ist der Stempelfuß geteilt, weil die Führungen für die sehr dünnen breiten Stempel sonst nur schwer anzubringen wären. Die beiden Leisten können zusammen aufgespannt und die Schlitze in einem Arbeitsgang gefräst werden. Durch Paßstifte werden die beiden Leisten zusammengehalten. — Besonders starr ist die Verbindung nach Abb. 56. Die Schraube steht rechtwinklig zur Schräge; sie ist an ihrem Ende abgeflacht, so daß sie stärker als in Abb. 57 drückt. Diese Ausführungen werden hauptsächlich am Rande größerer Stempelköpfe benutzt, solange die Druckschraube nicht zu lang wird.

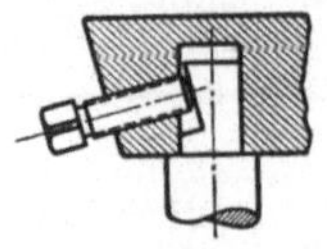 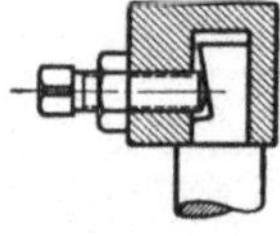 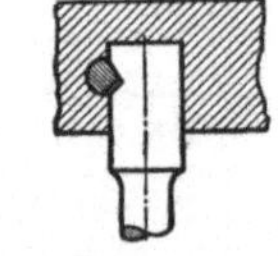

Abb. 56   Abb. 57   Abb. 58. Stempelfestigung durch abgeflachten Rundkeil   Abb. 59. Schnellspannung für Stempel

Abb. 56 u. 57. Stempelbefestigungen durch Schräge und Druckschraube nach DIN 479

Die Druckschraube ist in Abb. 58 durch einen Halbrundkeil ersetzt. Dieser Keil besteht aus kaltgezogenem Rundstahl, der an einer Seite stumpfwinklig abgeflacht ist, keilförmig geneigt zur Achse. Während der runde Teil des Keils genau in das Loch im Stempelkopf paßt, legt sich der winklige Teil gegen eine Ausfräsung im Stempelschaft.

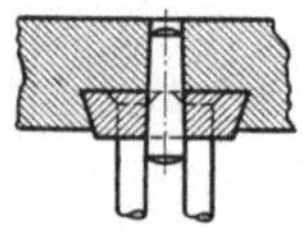 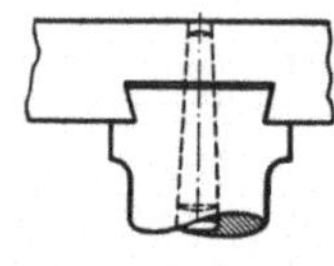

Besonders leichte Austauschbarkeit ergibt die Form in Abb. 59: Der Rundkeil ist durch ein bewegliches „Küken" ersetzt, das sich durch Federkraft in eine Aussparung des Stempels legt. Zum Auswechseln wird einfach das Küken mit einem Stift durch die Bohrung unterhalb des Kükens hochgedrückt.

Abb. 60   Abb. 61

Abb. 60 u. 61. Stempelbefestigung durch Schräge und Paßstift

In Abb. 60 u. 61 zentriert in der Querrichtung der Schwalbenschwanz, in der Längsrichtung ein Paßstift. Abb. 60 ist für kleine, Abb. 61 für größere Stempel entworfen.

Technisch ist der Genauigkeitssteigerung bei allen diesen Verbindungen keine Schranke gesetzt, die wirtschaftlich dadurch gezogen ist, daß je weniger Werkstoff und Arbeitswert ein Stempel darstellt, desto weniger Herstellungskosten für die Verbindung tragbar sind.

B. Kraftschlüssige Bewegungsübertragung

18. Bewegungsrichtung von Stößel und Werkzeug fallen grundsätzlich zusammen. Wo nur kraftschlüssige Verbindung zwischen Werkzeug und Presse in Betracht kommt, hängt man das Werkzeug ein, so daß nicht zentriert, sondern nur die ab- und aufgehende Stößelbewegung auf das Werkzeug übertragen wird. Der Zentrierung der Werkzeuge dienen in solchen Fällen besondere Führungen.

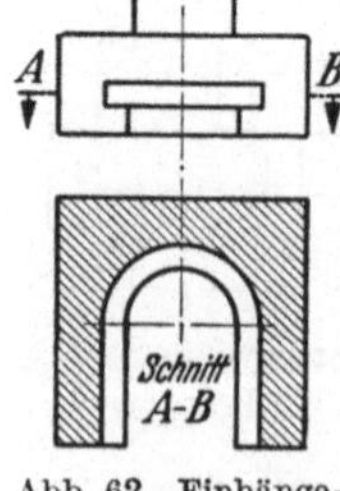 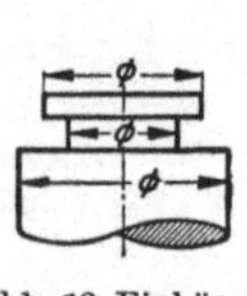 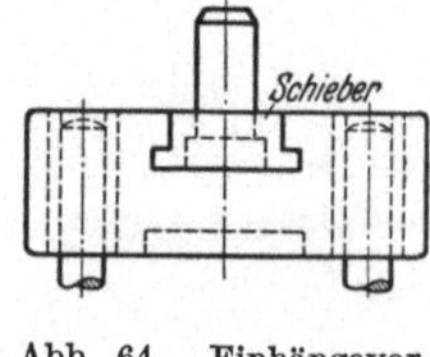

Abb. 62. Einhänge-kopf   Abb. 63. Einhänge-zapfen   Abb. 64. Einhängevorrichtung für Stempel bzw. Stempelköpfe

Diese Einspannungsart ist da angebracht, wo man befürchten muß, daß die Stößelbewegung nicht genau genug mit der des Werkzeuges zusammenfällt (Abb. 62 bis 64). In AWF-Blatt 5913 Einhängeköpfe, Kupplungszapfen und Ausstoßer.

19. Bewegungsrichtung von Stößel und Werkzeug fallen nicht zusammen.
Weicht die Richtung der Stößelbewegung grundsätzlich von der gewünschten Stempelbewegung ab, so muß die von der Presse zu äußernde Kraft ohne unmittelbare Verbindung zwischen Stößel und Werkzeug auf dieses übertragen werden. Dieses kann geschehen

a) mit *Hilfe von Hebeln* (Abb. 65). Ein rundes Gehäuse a ist in einen Rahmen gleitend eingepaßt. Das Gehäuse hat rechteckige Nuten, in denen sich die Stempelaufnahmen führen. Deren unterer Teil

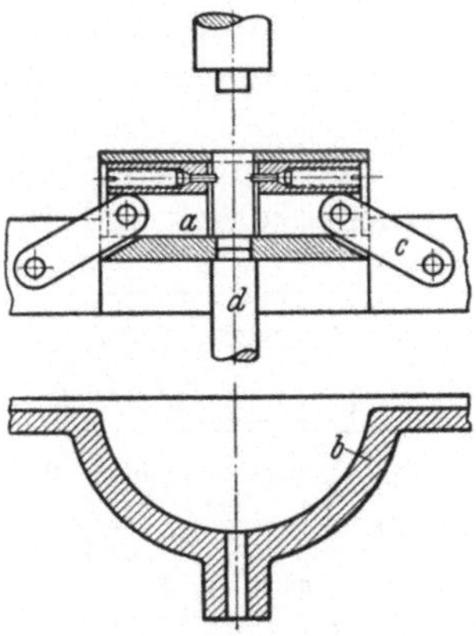

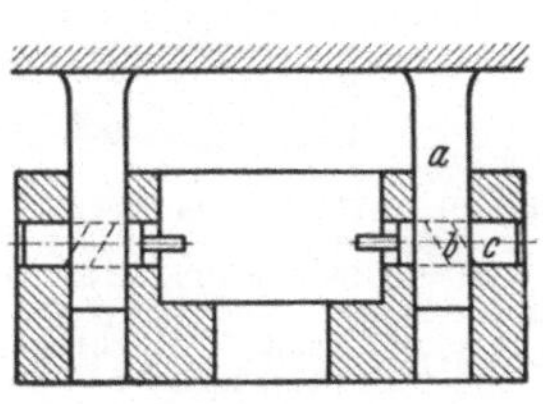

Abb. 65. Bewegung der Stempel durch Hebel
a rundes Gehäuse; b das Gehäuse umfassender Rahmen; c vier Hebel mit Stiften nach DIN 1481; d Stoßstange zum Heben des Gehäuses a

Abb. 66. Bewegung der Stempel durch geschlossene Kurven
a Säulen; b Gleitsteine; c Stempelfuß

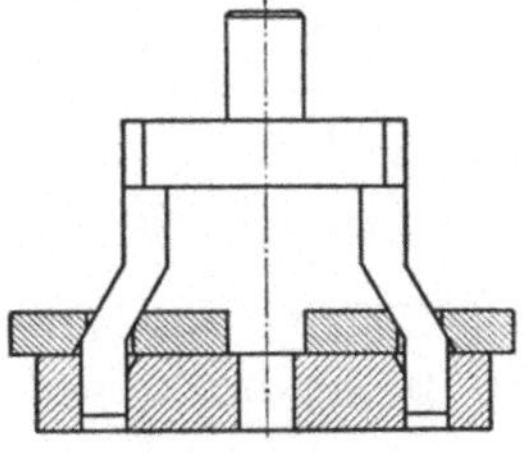

Abb. 67. Führungssäulen, unmittelbar als Kurven ausgebildet

ist durch Hebel c an den Rahmen b angelenkt. Drückt der Stößel das Gehäuse in den Rahmen, so bewegen sich die Stempelfüße nach innen. Damit ist die erwünschte Schnittbewegung erreicht. Eine Stange d, durch Umführungsstangen mit dem Stößel verbunden, hebt bei dessen Aufgang das Gehäuse a wieder in seine Anfangslage. Unter Umständen kann man a durch Federkraft zurückbewegen.

b) durch *geschlossene Kurven* (Abb. 66). Am Stößel sind Säulen a befestigt, die Gleitsteine b tragen. Diese passen in schräg liegende Nuten des Stempelfußes c. Beim Abwärtsgang der Säule treiben die Steine b die Stempel zur Schnittplatte und ziehen sie nach vollendetem Schnitt bei der Aufwärtsbewegung der Säulen wieder zurück. Sind die im Stößel befestigten Säulen unmittelbar als Kurven ausgebildet, so ergibt sich die Form Abb. 67.

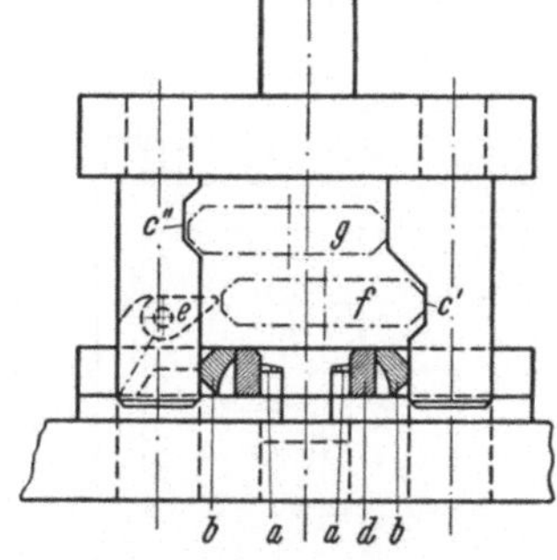

Abb. 68. Werkzeug zum Lochen einer Kapsel am zylindrischen Teil
a Stempel; b Gleitstücke; c' u. c'' Kurven; d Schnittplatte; e Hebel; f u. g Andeutung für die Stellungen der Schnittplatte beim Arbeiten. Hebel e schiebt mittels Gleitstück b die Schnittplatte nach rechts in die Aussparung der Kurve c', wobei der linke Stempel a schneidet (Arbeitsstellung f); danach folgt die Bewegung der Schnittplatte von rechts nach links (Arbeitsstellung g)

Geschlossene Kurven sind ein einfaches Mittel, alle nur erdenklichen Bewegungen abzuleiten. In Abb. 68 wird z. B. die Schnittplatte nach rechts und links bewegt und das in die Schnittplatte gestülpte Gehäuse durch die feststehenden Stempel rechts und links gelocht. Beim Abwärtsgang des Werkzeugoberteils wird die Schnittplatte durch eine Nase in die Aussparung des rechten Kurvenstückes geschoben, dann wieder durch diese nach links. Beim Hochgang der Presse gleitet die Schnittplatte wieder in die Mittellage. Am leichtesten herzustellen sind geschlossene Kurven dadurch, daß man Säulen am Werkzeug oder am Unterteil schrägstehend befestigt (Abb. 69). Wo solche Elemente dauernd gebraucht werden, empfiehlt sich die Einführung von Werksnormen für Säule, Säulenfuß und Gleitstück.

c) durch *offene Kurven und Federn*. Ist mit Rücksicht auf den Verschleiß dieser Kurven die geschlossene, d. h. die zweiseitig wirkende Kurve nicht anwendbar, so wählt man eine offene Kurve und überläßt Federn die Rückwärtsbewegung der Stempel. Bei der Bauart (Abb. 70) wird der Stempelfuß a beim Niedergehen des Stößels b durch die schrägen Flächen an a und b in die Schnittplatte c gedrückt. Die Schraubenfeder e drückt ihn wieder zurück, während

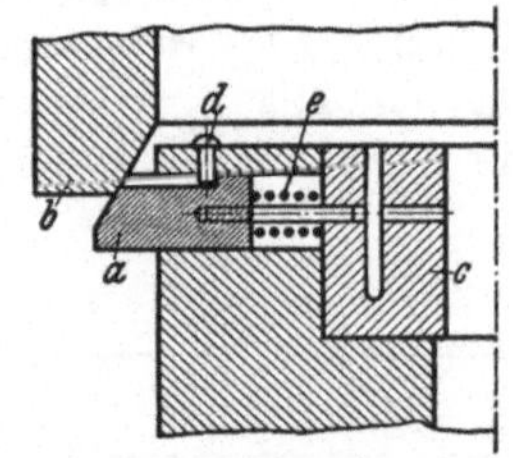

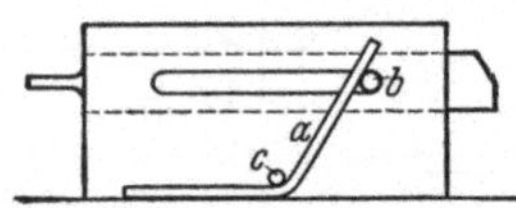

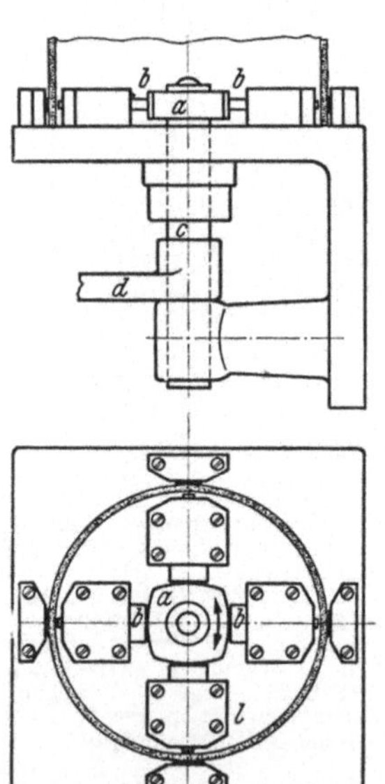

Abb. 69. Gleitstück auf schräg-stehender Säule

Abb. 70. Bewegung der Stempel durch offene Kurven und Federn
a schräger Stempelfuß; b Stößel mit Gegenschräge; c Schnittplatte und Stempelführung; d Anschlagstift; e Rückzugfeder

Abb. 71. Rückzug durch Blattfeder
a Blattfeder; b mitgehender Stift; c ortsfester Stift (Paßkerbstift nach DIN 1472)

der Stift d das Herausfallen hindert. Die Ausführung 71 erreicht dasselbe mit einer Blattfeder a, die beim Arbeitsgang des Stempels durch den mitgehenden Stift b um den ortsfesten Stift c gespannt wird. — In Abb. 72 wird die Arbeitsbewegung auf die Stempel durch eine Kurvenscheibe a übertragen, gegen die die Stempelfüße b durch Schraubenfedern gedrückt werden. Die Kurvenscheibe sitzt auf einer Spindel c, die vom Stößel aus über einen Schwinghebel d pendelnd bewegt wird. Es handelt sich im vorliegendem Fall laufend um das Lochen von Rohren von verschiedenen Durchmessern mit verschiedener

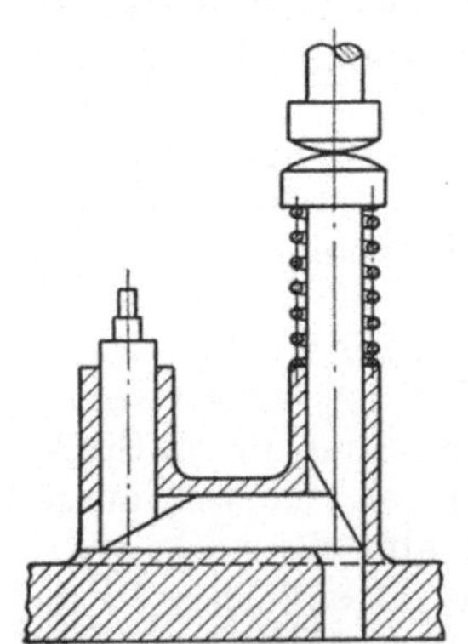

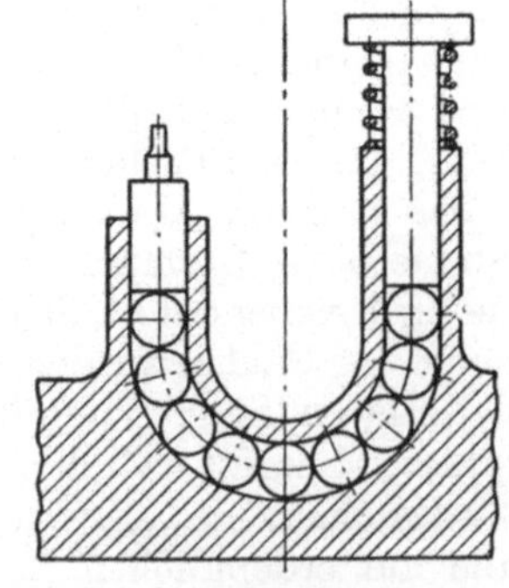

Abb. 72. Bewegung der Stempel durch Kurvenscheibe
a Kurvenscheibe; b Stempelfüße; c pendelnde Welle; d Schwinghebel; l Federgehäuse

Abb. 73. Umkehrung der Bewegung durch Zwischenstücke

Abb. 74. Umkehrung der Bewegung durch Kugeln

Lochzahl. Den verschiedenen Durchmessern kann man durch radiales Verschieben der Gehäuse gerecht werden, den verschiedenen Lochzahlen durch Auswechseln der Kurvenscheiben und durch Anordnung neuer Gehäuse.

Mittels Kurven kann man die Bewegung sogar umkehren, wie Abb. 73 zeigt. Ähnliche Möglichkeiten erschließt die Verwendung von Kugeln in einem Rohr (Vielgelenkkette, Abb. 74).

In Abb. 75 ist der Kosten halber ein flaches Kurvenstück an einer runden Säule befestigt, die ihrerseits im Stempelkopf fest sitzt und sich unten im Werkzeugunterteil nochmals führt, um dem Biegungsmoment zu begegnen. — Bei größeren Biegungsmomenten muß die Abstützung sorgfältig durchgearbeitet werden. So sind in Abb. 76 Führungsblöcke größerer Breite angewandt worden. Der Verschleiß der Kurvenführung in dem Werkzeugunterteil wird durch Gleitbeilagen herabgesetzt. Diese Beilagen können ausgewechselt werden. Die Einspannstelle des Kurvenstückes im Werkzeugoberteil ist bei a zur Aufnahme des Biegungsmomentes durch ein Winkelstück verstärkt. Noch günstiger

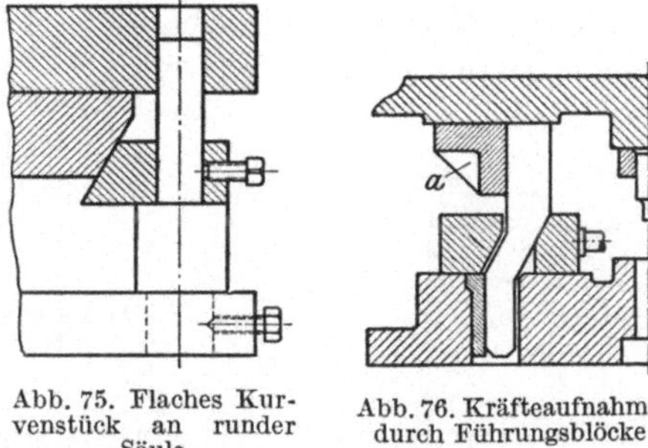

Abb. 75. Flaches Kurvenstück an runder Säule

Abb. 76. Kräfteaufnahme durch Führungsblöcke

ist es, das Biegungsmoment an der Stelle des Entstehens abzufangen (Abb. 77). Rückenführung und Kurvenflächen sind mit Ölverteilungsnuten zu versehen.

Da man nur selten über eine Kurvenneigung gegen die Senkrechte von 30° hinausgeht, ist der ableitbare Weg kleiner als der Hub der Maschine. Für die Beziehung

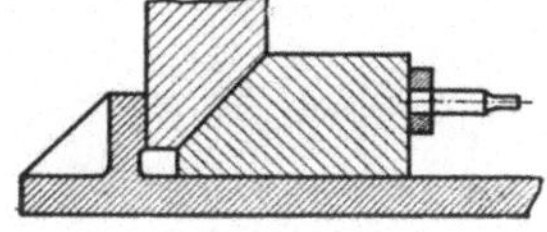

Abb. 77. Abfangen des Biegungsmomentes

der drei Größen: senkrechter Weg (Hub) h, waagerechter Weg w und Neigung der Schräge x gilt die Gleichung $\mathrm{tg}\,x = w/h$. Damit errechnet sich bei $x = 30°$ der Hub h aus dem verlangten waagerechten Weg w zu $h = w/0{,}577 = \mathrm{rd.}\ 1{,}75\,w$.

III. Befestigung des Werkzeugunterteils an der Presse

A. Unmittelbares Festspannen auf dem Pressentisch

Die Schnittplatte ist meist auf dem Tisch der Presse zu befestigen. Die Aufspanneinrichtungen im Tisch zeigen verschiedene Formen: Löcher für Schrauben, Nuten in allen möglichen Anordnungen, von mannigfaltigen Querschnittsformen und -abmessungen. Dazu kommen noch die nach Form und Größe recht verschiedenartigen Öffnungen für den Werkstoffdurchlaß im Tisch. Ebenso wie beim Befestigen des Stempels ist hier Vereinheitlichung zu wünschen. Die bereits genormten T-Nuten und Spannutenformen werden leider noch nicht überall benutzt (s. DIN-Blatt 649, 650, 651 u. 508).

20. Verwendung von Spanneisen. Die Spannwirkung beruht bekanntlich auf dem Hebelgesetz (Abb. 78): $P \cdot l = Q \cdot L$. Daraus folgt: die Kraftwirkung Q auf das Werkzeug ist bei einer bestimmten Schraubenkraft P

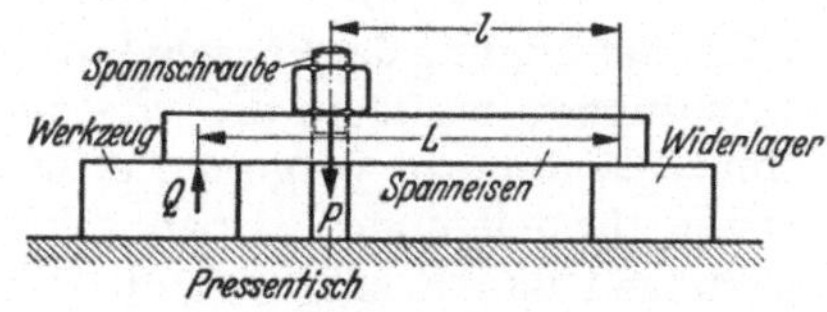

Abb. 78. Kräftespiel am Spanneisen

um so größer bzw. die für eine bestimmte Wirkung Q benötigte Kraft P ist um so kleiner, je größer l im Verhältnis zu L ist. Man muß also mit der Spannschraube so nahe wie möglich an das Werkzeug rücken.

Ausführung des Spanneisens: Breite zu Höhe 1 : 1,5 bis 1 : 2. Der Schlitz zwischen den Schenkeln soll etwa 2 mm breiter sein als der Außendurchmesser der Schraube. Die Schraube soll einen Zapfen haben, damit die Mutter beim Lösen nicht gleich abfällt. Die Mutter soll möglichst hoch ($1^{1}/_{2}\,d$) und gehärtet sein, mit einer kugeligen Unterfläche, die sich gegen eine entsprechend geformte Unterlegscheibe legt (DIN 6319), damit möglichst keine Seitenschübe auftreten. Die meisten anderen Pratzen und Spanneisen, wie beispielsweise Abb. 79 u. 80 mit Dreipunktauflage usw., sind erst dann mit Vorteil verwendbar, wenn bei den Pressen die Lage

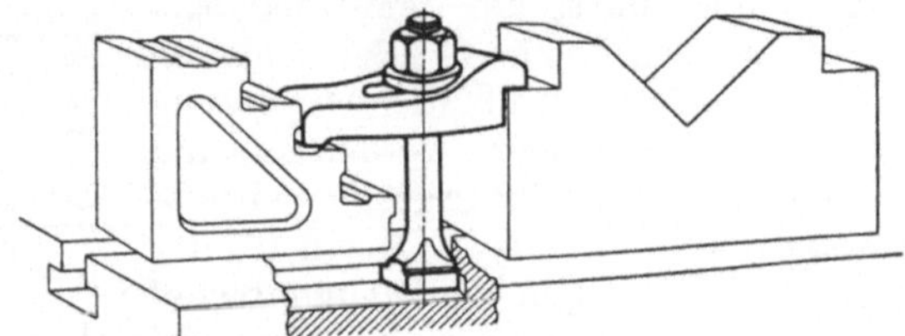

Abb. 79. Spanneisen mit Dreipunkt-Auflage (rechts 2 Wölbungen)

Abb. 80. Genormtes Spanneisen: DIN 6314 (einfach), 6315 (U-förmig), 6316 (gekröpft), 6317 (doppeltgekröpft), 6318 (Treppenböcke)

der Schlitze im Tisch und bei den Werkzeugen die Höhe des Aufspannrandes genormt sind (DIN 6314 — DIN 6318). Bei geschweiften Spanneisen nach Abb. 81 sitzen die Spannmuttern geschützt, so daß man nicht an ihnen hängen bleiben kann.

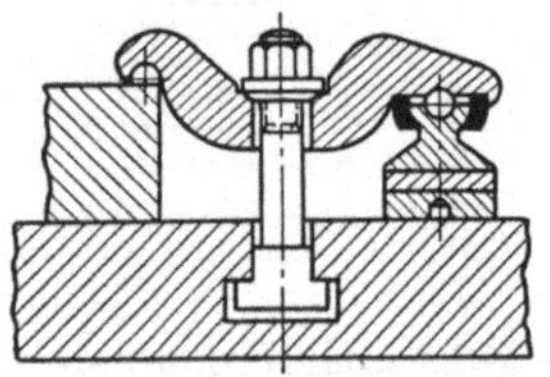

Abb. 81. Spannen frei von Querkräften. Schraubenmutter versenkt

21. Ansprüche an die Schnittplatte. Unmittelbares Aufspannen der Schnittplatte auf den Pressentisch kommt nur in Frage, wenn die Schnittplatte einen Aufspannrand oder Bohrungen und Schlitze für Spannschrauben besitzt. Gleichzeitig muß die Schnittplatte die Öffnung im Tisch für den Werkstoffdurchlaß mit einer Fläche überdecken, die groß genug ist, um die Druckkräfte auf den Pressentisch übertragen zu können, ohne die zulässige Flächenpressung zwischen Schnittplatte und Tischfläche zu überschreiten. Schließlich muß die Schnittplatte so dick sein, daß die über dem Werkstoffdurchlaß beim Stanzen in der Schnittplatte auftretenden Biegungsbeanspruchungen sich in zulässigen Grenzen halten (Abb. 82).

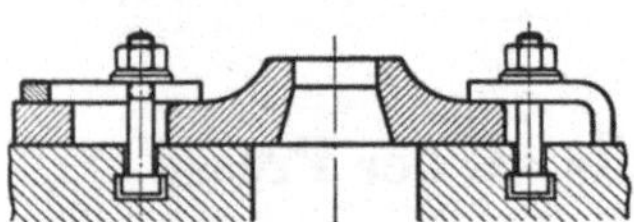

Abb. 82. Werkzeugunterteil aus einem Stück

Mit Rücksicht auf die sich hieraus ergebenden Beanspruchungen der Schnittplatte wendet man, um Edelstahl zu sparen, bei den meisten Schnitten ein Zwischenstück an, die Frosch- oder Grundplatte.

B. Verwendung einer Froschplatte (Grundplatte)

22. Befestigung der Froschplatte auf dem Pressentisch. Die Platte muß Aufspanneinrichtungen besitzen, die von der Ausstattung des Pressentisches und von der Schnittplattenform vorgeschrieben sind. Für die Befestigung der Platte kommen Leisten für Klammern, Spannschrauben usw. in Frage; häufig findet man auch Bohrungen und Schlitze, ähnlich wie bei Maschinenschraubstöcken. Eine besondere Form dieser Art, bei der die Schrauben gut verdeckt sind, und daher bei der Bedienung des Werkzeuges nicht hindern können, zeigt Abb. 83.

23. Befestigung der Schnittplatte in der Froschplatte. a) *Vernieten.* Um ebene Anlageflächen zu erzielen, müssen die Nietköpfe versenkt werden, besonders tief der obere, der beim Schleifen des Werkzeuges nicht beschädigt werden darf (Abb. 84). Die Herstellung ist billig. Die Verbindung ist bei genauer Bearbeitung der Anlage-

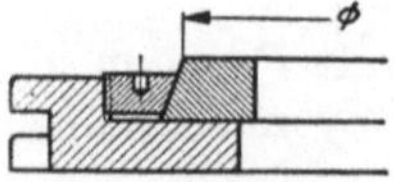

Abb. 83. Befestigung der Froschplatte durch (abgedeckte) Spannleisten

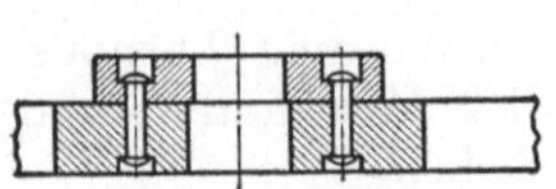

Abb. 84. Schnittplatte auf der Grundplatte vernietet

flächen und sorgfältigem Nieten starr und kann allen Beanspruchungen gerecht werden. Nachteile: 1. Die sehr empfindlichen Versenkungen für die Köpfe werden beim Nieten stark erwärmt. Kaltes Nieten ist aber weniger zuverlässig. 2. Die Schnittplatte kann von der Grundplatte nur durch Zerstörung der Verbindung getrennt werden. 3. Die Schnittplatte muß infolge Schwächung durch die Löcher für die Nieten und für deren versenkte Köpfe unnötig große Abmessungen erhalten.

b) *Preßsitz.* Die allgemeine Anordnung ist aus Abb. 85 ersichtlich. Anlageflächen übertragen die Kräfte. Zugbeanspruchungen werden durch den Sitz aufgenommen. Die Schnittplatte kann durch zwei Löcher *a* mit Hilfe zweier Bolzen unter einer Presse aus der Froschplatte

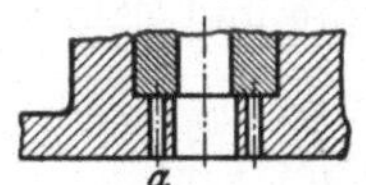
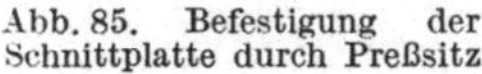

Abb. 85. Befestigung der Schnittplatte durch Preßsitz

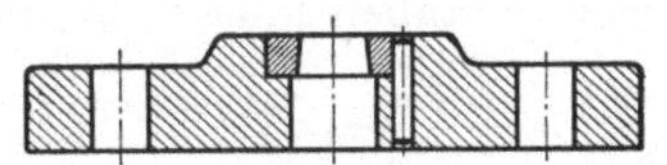

Abb. 86. Befestigung der Schnittplatte durch Preßsitz und Paßstift

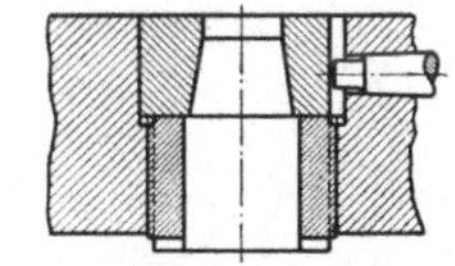

Abb. 87. Preßsitz mit nachstellbarem Druckstück und Führungsstift

herausgedrückt werden. Muß die Schnittplatte beim Einsetzen in eine ganz bestimmte Lage zur Froschplatte kommen, so kann man dieses durch einen Paßstift erreichen (Abb. 86). Abb. 87 zeigt eine Ausführung für leichtes Handhaben. Muß die Schnittplatte geschliffen werden, so treibt man sie durch eine Mutter um den abzuschleifenden Betrag aus der Froschplatte heraus und schleift wieder bündig.

c) *Verschrauben: Zugschrauben* (Abb. 88). Die Schnittplatte ist eingelassen und durch Schrauben gegen die Anlagefläche gezogen. Die Handhabung kann wesentlich vereinfacht werden, wenn die Schrauben durch die Öffnung im Pressentisch zu bedienen sind. Andererseits läßt sich die Sicherheit der Verbindung steigern — das

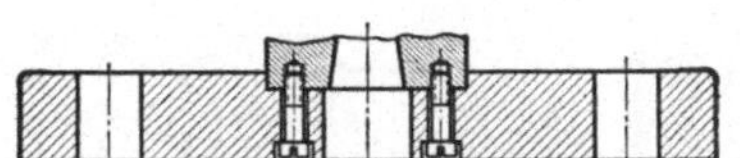

Abb. 88. Befestigung der Schnittplatte durch Zugschrauben und Einsenkung

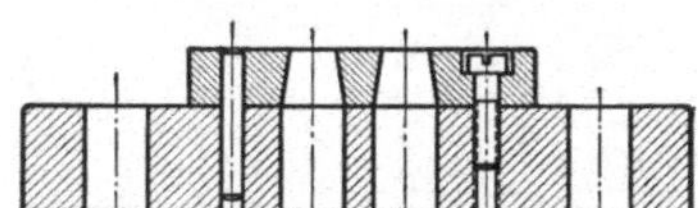

Abb. 89. Befestigung der Schnittplatte durch Schrauben und Paßstifte

gilt allgemein bei der Verschraubung —, wenn sich die Schraubenköpfe bündig an den Pressentisch (oder bei Stempeln an dem Stempelkopf) anlegen. Sie können sich im Betrieb dann nicht losarbeiten. Diese Anordnung wählt man daher meist für zusammengesetzte Schnitte, wo die vielen Schrauben nicht leicht zu überwachen sind. — Der einfacheren Herstellung und Handhabung wegen sieht man zuweilen von einer Eindrehung der Froschplatte ab (Abb. 89). Die Zentrierung übernehmen zwei Paßstifte. Die Schrauben sind in die Froschplatte eingeschraubt, was zulässig ist, solange die Schnittplatte durch das Versenken des Kopfes nicht geschwächt wird. Im vorliegenden Fall handelt es sich um eine quadratische Schnittplatte, die an den Ecken verschraubt ist. Der Stempelhalter enthält nur mehrere kleine Stempel, so daß genügend Spielraum vorhanden ist. In Abb. 90 sitzt die Schnittplatte am Stößel. Sie wird durch einen Ansatz der Froschplatte bzw. des Stempelkopfes zentriert. Durch die Schraubenlöcher darf die Schnittplatte in ihrer Festigkeit nicht beeinträchtigt werden. Die Zuschnitte werden durch Ausstoßer entfernt. — Bei der Befestigungsweise nach Abb. 91 ist versucht, die Schwächung der Schnittplatte durch die Schrauben zu

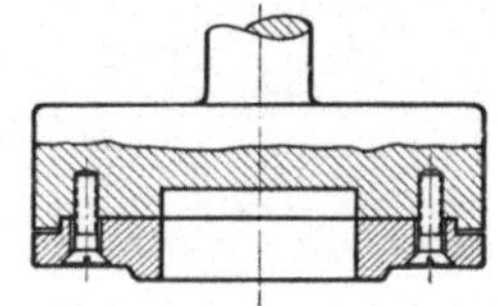

Abb. 90. Befestigung einer Schnittplatte am „Stempelkopf"

vermeiden. Die Schnittplatte erhält am Rand eine der Zahl und Form der Schrauben entsprechende Reihe von Ausfräsungen. So kann sich die Schnittplatte bei Zugbeanspruchung gegen die Versenkköpfe der Schrauben abstützen. Gleichzeitig wird

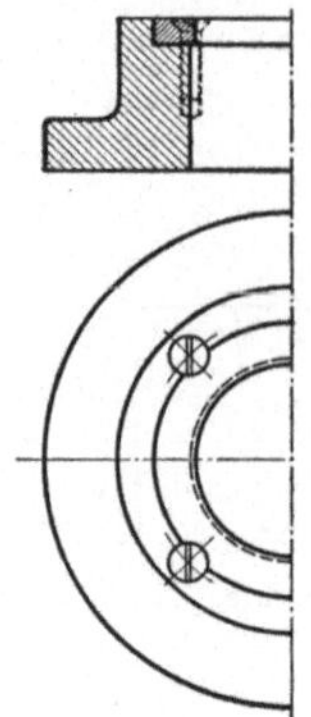

sie so gegen Drehen gesichert. — Die Starrheit der letzten vier Einspannarten ist abhängig von der Tiefe der Einlassung bzw. von der Anzahl und Verteilung der zum Befestigen verwendeten Schrauben.

Druckschrauben. Um Druckschrauben anzubringen, muß man die Schnittplatte einlassen. Häufig wird der äußere Rand der Schnittplatte für die Schraubenspitzen angebohrt (Abb. 92). Die Druckschrauben müssen in solcher Stärke und Zahl vor-

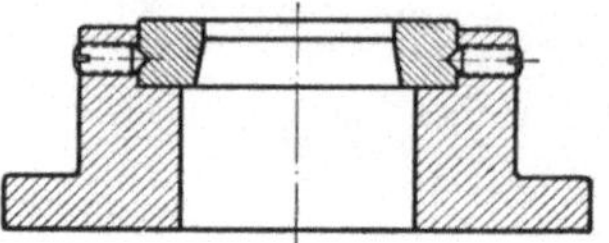

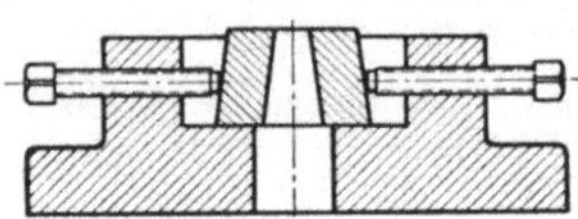

Abb. 91. Befestigung der Schnittplatte durch Schraubenköpfe

Abb. 92. Befestigung der Schnittplatte durch Druckschrauben

Abb. 93. Froschplatte für auswechselbare Schnittplatten

gesehen werden, daß durch ihre Kraftwirkung die Schnittplatte nicht unzulässig in ihrer Form geändert wird. Abb. 93 zeigt einen Versuch, dieselbe Froschplatte

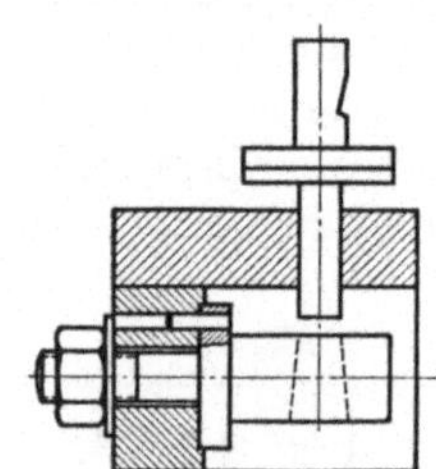

allgemein zu verwenden. Die Herstellung ist nicht schwierig. Die Gewinde in der Froschplatte müssen so lang sein, daß sie sich nicht vorzeitig abnutzen. Die Schrauben sind so zu bemessen, daß sie sich nicht verformen. Über ihre Anzahl gilt das zu Abb. 92 Gesagte. Mit zunehmender

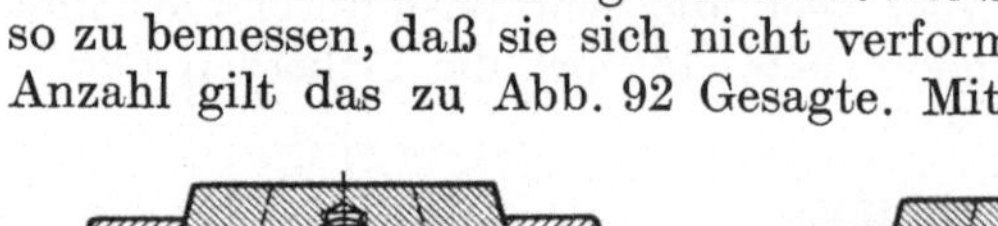

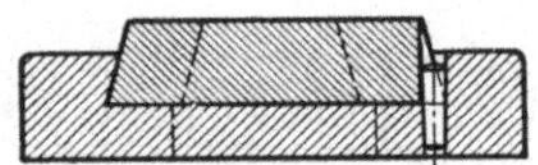

Abb. 94. Befestigung einer hornförmigen Schnittplatte

Abb. 95. Befestigung der Schnittplatte durch Schwalbenschwanz und Zugschraube (DIN 912)

Abb. 96. Befestigung der Schnittplatte durch Schwalbenschwanz und Paßstift (DIN 1 oder 7)

Zahl wachsen die Zentrierschwierigkeiten. — Alle Befestigungsarten sind mehr oder minder auch dann geeignet, wenn die Schnittplatte „hornförmig", die Froschplatte

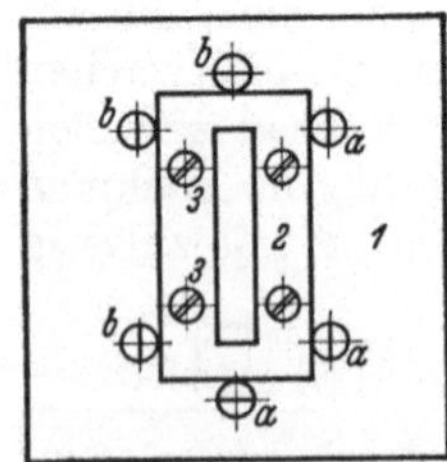

also winkelförmig ist (Abb. 94). Der zylindrische Bund der Schnittplatte, axial fest verschraubt, wird durch einen Paßstift am Verdrehen gehindert. Diese Ausführung ist selbst für Führungsschnitte geeignet.

d) *Klemmen: Schräge und Zugschraube* (Abb. 95). Die Schnittplatte erhält eine schwalbenschwanzförmige Querschnittsform und ist auch in der Längsrichtung leicht keilförmig. Eine Schraube verhindert das Lockerwerden. Voraussetzung ist, daß die Paßflächen genau bearbeitet sind. Die Handhabung ist einfach, solange die Schraube durch die Öffnung im Pressentisch zu erreichen ist.

Abb. 97. Zentrieren der Schnittplatte durch Klemmstifte
1 Grundplatte; *2* die darin eingesenkte Schnittplatte; *3* Befestigungsschrauben; *a* Kupfer; *b* Splinteisen

Schräge und Stift. In Abb. 96 ist die Schraube durch einen Paßstift ersetzt. Er ist seitlich anzuordnen, um nicht zu hindern und um die Schnittplatte in ihrem hoch beanspruchten Teil nicht zu schwächen. Wo in besonderen Fällen ein Paßstift sich in der Schnittplatte nicht anbringen läßt, kann man sich wie in Abb. 97 helfen:

Man bohrt am Rande der Einsenkung für die Schnittplatte in die Grundplatte Löcher und füllt diese je zur Hälfte mit Splinteisen und Halbrundkupfer, so daß das Kupfer nach der Schnittplatte zu liegt. Die Kupferstifte kann man stemmen und so die Schnittplatte festklemmen und die Schrauben gegen Lockerung sichern. Selbst wenn sich die Schnittplatte in der Grundplatte losgeschlagen hat, kann man sie durch Stemmen nachrichten.

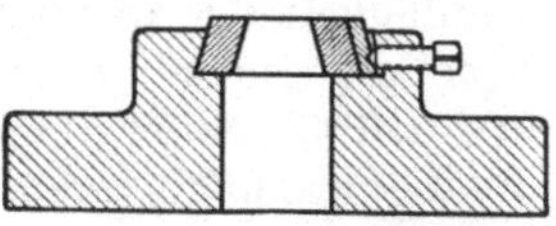

Abb. 98. Befestigung der Schnittplatte durch Schwalbenschwanz und Druckschraube (DIN 914 oder 479 oder 564)

Schräge und Druckschraube (Abb. 98). Die Druckschrauben vermitteln die Zentrierung in Längs- und Querrichtung und erzwingen Passen der Anlagefläche zur Versteifung der Verbindung. Die Schraubenspitze muß entweder dieselbe Neigung wie die Schräge besitzen, oder die Schnittplatte muß der Spitze entsprechend angebohrt werden. Um die von den Schrauben ausgehende Kraft gleichmäßig auf eine möglichst große Fläche zu verteilen und dadurch die Schnittplatte vor schädlichen Formänderungen zu bewahren, befindet sich zwischen Schrauben und Schnittplatte zweckmäßig eine

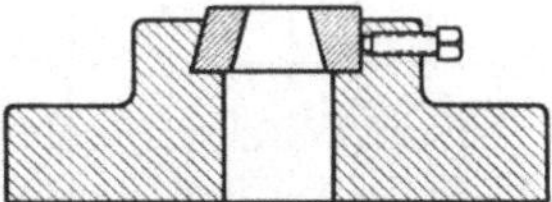

Abb. 99. Befestigung der Schnittplatte durch einfache Schräge und Druckschraube

Druckleiste (wie in Abb. 98). Die Starrheit der Verbindung ist abhängig von der Zahl der Druckschrauben und der Länge der Schnittplattenführung. — Nach Abb. 99 begibt man sich des Vorteiles der doppelten Schräge zugunsten der leichteren und genaueren Herstellung. Um der Verbindung die gleiche Starrheit zu geben, wie der vorigen, muß der Druck der Schraube vergrößert werden.

Schräge und Druckstück. Während die Ausführungen in Abb. 95 bis 99 hauptsächlich für längliche Schnittplatten bestimmt sind, eignet sich die Ausführung Abb. 100 für runde Platten. Mit zunehmender Schraubenzahl und -stärke wird das Werkzeug jedoch unhandlich. — Diese Konstruktion ist in Abb. 101 schematisch weiter ausgebaut, um bei verschiedenen runden Schnittplatten, die nacheinander auf derselben Presse arbeiten sollen, nur eine Froschplatte benutzen zu müssen. Bedingung ist die Verwendung von Ringen genau gleicher Schräge. Andernfalls könnte die Schnittplatte sich schrägstellen und den Stempel abbrechen, oder der Stempel setzte beim nächsten Hub auf die Schnittplatte auf. An Stelle der kegeligen Ringe können bei zylindrisch abgesetzten Schnitt-

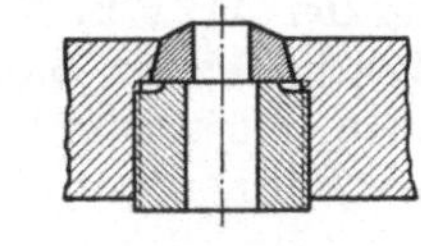

Abb. 102

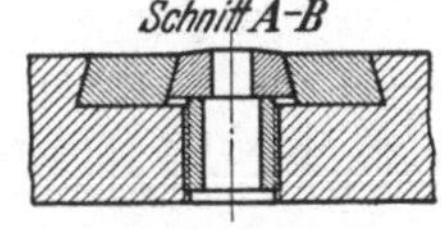

Schnitt A–B

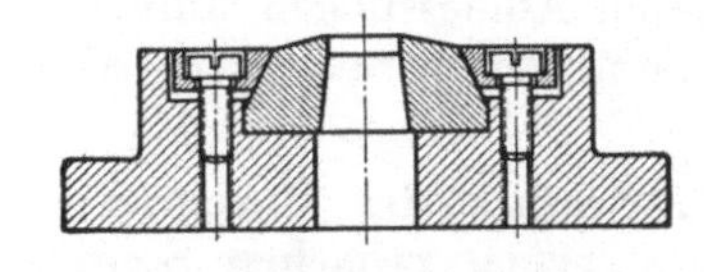

Abb. 100. Befestigung der Schnittplatte durch Schräge und Druckstück

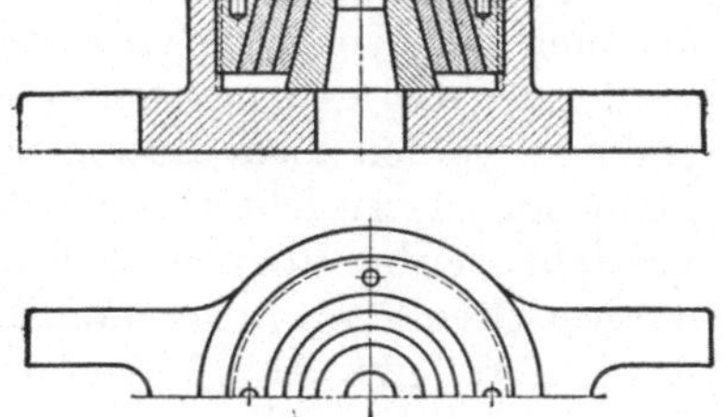

Abb. 101. Auswechselbare Schnittplattenbefestigung

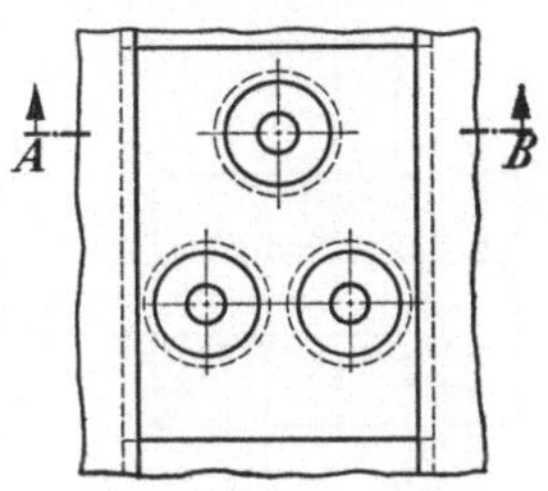

Abb. 103

Abb. 102 u. 103. Befestigung kleiner Schnittplatten durch Kegelfläche und Gewindedruckstück

platten auch ebenso abgesetzte Ringe mit Laufsitzpassung Verwendung finden. Abb. 102 u. 103 zeigen zwei Anordnungen für runde Schnittplatten, bei denen sich die Schnittplatte auf ein Druckstück abstützt, das gleichzeitig mit

Hilfe der kegeligen Fläche an der Schnitt- bzw. Gesenkplatte die Zentrierung erzwingt.

Nachteilig für die Übertragung von Zug- und Druckkräften ist das aus der Rauhigkeit der Oberflächen und aus der Dehnung der Schrauben sich ergebende Spiel a zwischen zwei Berührungsflächen, rechtwinkelig zu diesen gemessen (Abb. 104 u. 105). So ergibt sich bei der Verschraubung z. B. ein Spiel und damit eine Bewegungsmöglichkeit von $2a$ (Abb. 104). Bei der Schräge jedoch beträgt die Möglichkeit einer Senkrechtbewegung $a + b$ (Abb. 105), wobei $b = a/\cos\alpha$ größer ist als a. Bei der Schräge ist also die Möglichkeit einer Bewegung immer größer als

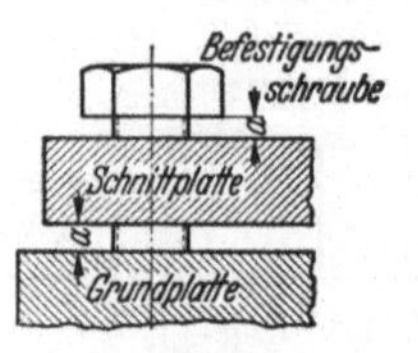

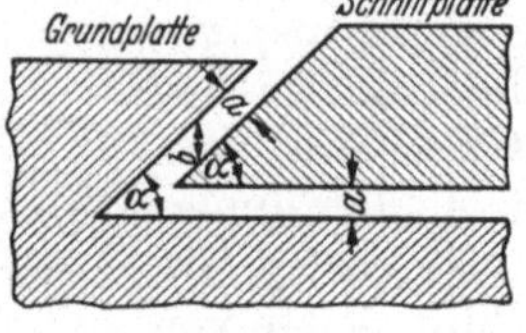

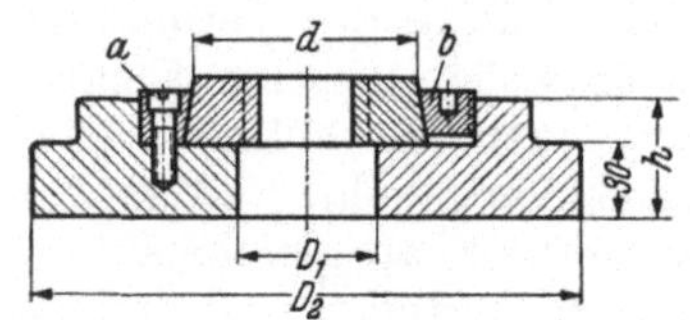

Abb. 104   Abb. 105

Abb. 104 u. 105. Passungsspiel. Die durch Bearbeitungsungenauigkeit verursachten Passungsspiele a u. b sind zur Verdeutlichung sehr vergrößert. Für $a = 45°$ ist $b \approx 1{,}5\,a$, d. h. zur Erzielung gleicher Starrheit muß bei Verwendung der Schräge die Bearbeitungsgenauigkeit entsprechend gesteigert oder eine andere gleichwertige Maßnahme getroffen werden

Abb. 106. Schnittplattenbefestigung nach AWF-Blatt 5910
a Spannring mit Schrauben; b mit Gewinde

beispielsweise bei der Verschraubung (bei dieser abgesehen von einer Bewegungsmöglichkeit im Gewinde).

24. Allgemeine Normen und Werksnormen. Genau wie bei den Stempelköpfen werden auch runde Schnittplatten laufend gebraucht. Richtmaße sind damit auch für Froschplatten wünschenswert. Für Konstruktionen nach Abb. 83 u. 100 gab daher der AWF in Blatt 5910 Richtwerte für Einspannplatten (Abb. 106). Da die zu bearbeitenden Blechteile nicht immer eben sind, sondern L-, Z-, U-förmig sein können, müssen sich die Einspannplatten dem anpassen. Mit den fünf verschiedenen Formen von Aufspannböcken, die in dem AWF-Blatt 5911 dargestellt und deren Abmessungen durch Richtwerte festgelegt sind, kann man die meisten dieser Aufgaben lösen.

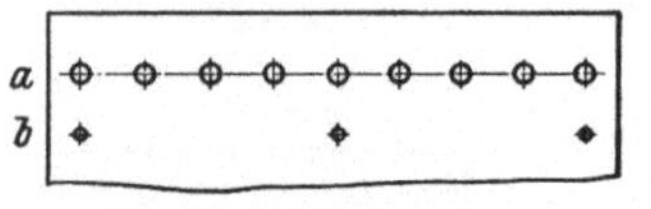

Abb. 107. Werkstück mit unregelmäßiger Lochanordnung

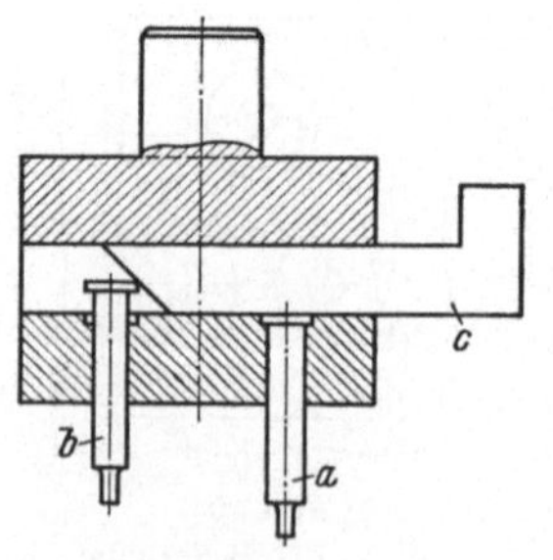

Abb. 108. Werkzeug zu Werkstück Abb. 107

C. Einfluß der Einspannung auf die Zusammenarbeit zwischen Stempel und Schnittplatte

25. Einstellbare Stempel und Schnittplatten. Die obigen Abbildungen haben gezeigt, daß mit dem Einspannen das Werkzeug entweder zwangläufig zentriert wird, oder daß es eingestellt werden kann. Unter Umständen werden sogar Lösungen notwendig, mit denen nicht nur ausgerichtet, sondern die Werkzeuge sogar verstellt werden können. Sollen Teile der in Abb. 107 dargestellten Form in einmaligem Durchgang hergestellt werden, so gibt Abb. 108 eine einfache Lösung. Der Stempel b ist in der Kopfplatte verschiebbar angeordnet, läuft also bei den Hüben, welche die Löcher a (Abb. 107) herstellen, leer mit. Für die Anfangs- und Endlochung wird der keilförmige Riegel c durch eine Führung oder

ein Spannexzenter vorgeschoben, so daß sich der Stempel b gegen c abstützen, also nicht mehr ausweichen kann. Mit dem gleichen Exzenter kann c wieder zurückgezogen werden. Die Kopfplatte muß für diesen Fall genügend dick bemessen sein, um dem Stempel sicheren Halt zu geben. — Sollen an einem Stanzteil zwei Arbeitsgänge ausgeführt werden, z. B. Prägen und Ausschneiden, so führt man diese nicht gerne gleichzeitig aus, weil mit dem Prägen eine Stoffbewegung verbunden ist, die die Güte des Schnittes beeinträchtigt. Daher ist in Abb. 109 folgender Weg gewählt: Die Prägung erfolgt schlagartig dadurch, daß die Säulen c die Hebel f zur Seite drücken und so dem unter Federdruck stehenden Stempel e den Weg freigeben. Der Stempelkopf a holt den Stempel nach vollendeter Prägung wieder ein und bewirkt das Abgraten oder Ausschneiden, sobald der Stempel e in a aufsitzt. Ähnliche Verhältnisse (meist beim Biegen und Ziehen) schafft man durch eine beweglich angeordnete Schnittplatte, die sich im weiteren Teil des Hubes auf eine Anlagefläche abstützt und dann als Schnittplatte dient. — Handelt es sich darum, gleich große Lochungen in verschiedenen Abständen herzustellen, so verfährt man nach Abb. 110. Zur Verstellung der Einzelwerkzeugabstände genügt ein Lösen und Wiederspannen der Schrauben a, zentriert wird durch Zentrierleiste und Abstandsstücke. Sind auch Abweichungen in Lage und Form verlangt, führt Abb. 111 zum Ziel. Die Stempel a, b, c mit den Kopfplatten d sind in Schienen e verschiebbar. Die gegenseitige Stellung wird durch Abstandsbleche erzielt und durch das Druckstück f mit der Spannschraube g gesichert. Das zweiteilige Unterteil wird durch Sechskantschrauben k zusammengehalten. Bolzen 1 verhüten ein Verklemmen, so daß also Teil m mit der Schnittplatte n und Führungsplatte o eben noch bewegt werden kann. Endgültige Feststellung erfolgt durch die Schrauben p. Die Werkzeuge selbst können ausgebildet werden zur Blechstreifenführung, mit Seitenschneider,

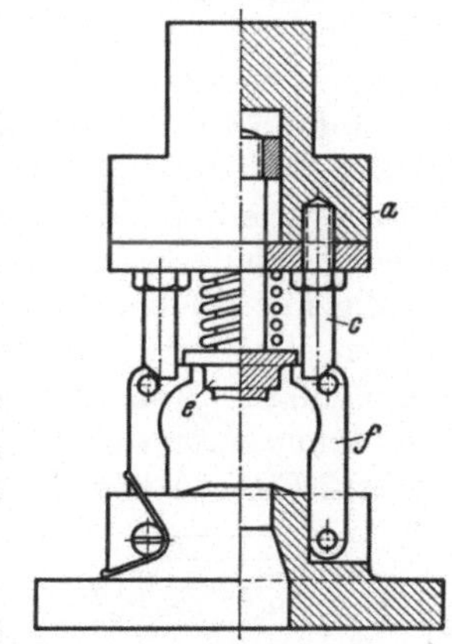

Abb. 109. Doppelt wirkende Stempel

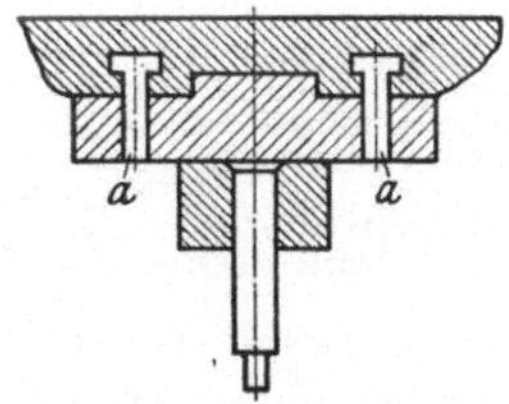

Abb. 110. Verschiebbare Werkzeuge

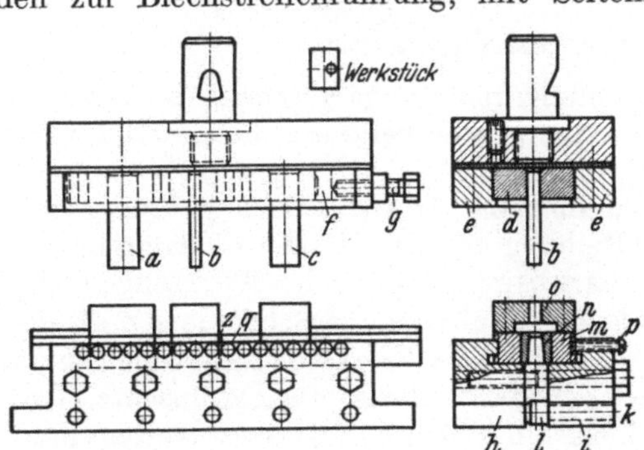

Abb. 111. Schnittwerkzeug mit veränderlichem Stempelabstand

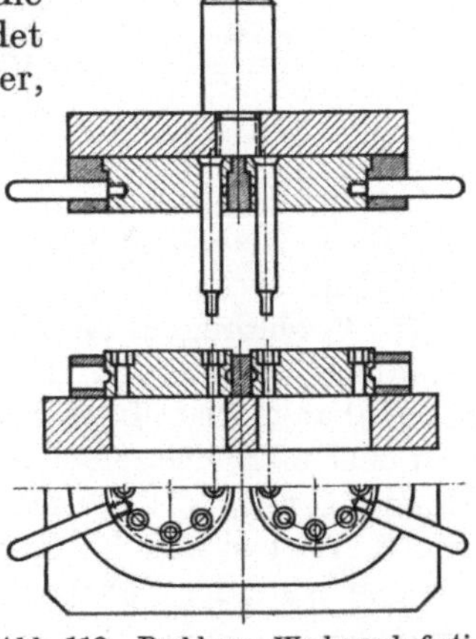

Abb. 112. Drehbare Werkzeugbefestigung (nach Masch.-Bau 1936, S. 320)

Abstreifer usw. Durch Austausch der Stücke m und d sind alle nur erdenklichen Abweichungen möglich. — Ist die Einstellung eines solchen Werkzeuges für geringe Stückzahlen zu umständlich, so bleibt der Weg der Abb. 112, die es gestattet, Zusammenstellungen von je zwei verschiedenen Lochgrößen, für die sich Stempel

und Schnittplatte in den Tellern unterbringen lassen, in verschiedenen Abständen
herzustellen.

26. Einfluß auf Einrichten und Austauschen der Werkzeuge. Bei der Auswahl
der Einspannart hängt es von den Betriebsverhältnissen ab, ob man zwei zen-
trierende Einspannungen für Werkzeugoberteil und -unterteil wählt und die Ein-
richtungsmöglichkeit in die Werkzeugbefestigung an der Maschine verlegt (meist
in die Aufspannung der Froschplatte auf dem Pressentisch), oder ob man eine
selbstzentrierende Einspannung mit einer einzustellenden zusammenarbeiten läßt.
Hinsichtlich der Austauschbarkeit lassen die Abbildungen erkennen, daß sich diese
im allgemeinen bei den Stempeln leichter ermöglichen läßt, als bei den Schnittplatten. Vom betriebstechnischen Standpunkt aus ist dagegen nicht viel einzuwen-
den, denn die Stempel sind im allgemeinen höher beansprucht und damit mehr der
Abnutzung unterworfen oder dem Brechen ausgesetzt als die zugehörigen Schnittplatten. Gute Austauschbarkeit ist für das bewegte Werkzeug also von größerer

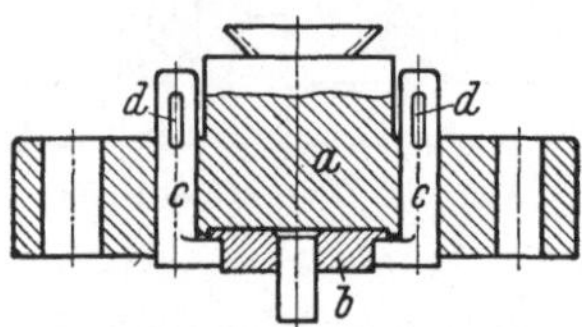

Abb. 113. Pforzheimer Spanngestell
(Oberteil). Keile *d* spannen mit
drehbarenHaltern *c* die Kopfplatte
b mit den Stempeln gegen den Stempelkopf *a*; in gleicher Weise wird
die Schnittplatte auf der Froschplatte befestigt

Bedeutung als für die Schnittplatte, die ohnehin beim
Schleifen meist in der Froschplatte verbleiben kann.
Unbedingte Austauschbarkeit ist wegen der Ver-
wechslungsgefahr nicht immer erwünscht. Es empfiehlt
sich, die für notwendig erachtete Einspannverschieden-
heit einfach dadurch in das Werkzeug zu verlegen, daß
bestimmte Einspannarten der Stempel bzw. der
Schnittplatte je einer bestimmten Art von Schnitten
vorbehalten bleiben.

Zur Vereinfachung der Handhabung soll man möglichst gleichartige Einspannarten für Werkzeugober-
und -unterteil verwenden. Hat man z. B. aus den im Abschn. 14 aufgeführten
Gründen eine Befestigung des Werkzeugoberteils an der Presse nach DIN 811
(Abb. 41) gewählt, so ist es folgerichtig, wenn man aus den gleichen Gründen die
übrigen Befestigungsteile entsprechend ausführt, etwa wie Abb. 113 zeigt.

IV. Die Werkzeugführung

A. Die Führung im allgemeinen

Um für eine starre Stempeleinspannung keine unhandlichen Abmessungen des
Werkzeugoberteils zu erhalten, kann man die Stempel durch besondere Führungen
versteifen.

27. Forderungen an die Werkzeugführung. 1. Die Führung muß starr und
spannungsfrei sein und mit geringer Reibung arbeiten. 2. Die Führung muß leicht
zu handhaben und übersichtlich sein, darf beim Schleifen der Werkzeuge nicht hindern oder muß sich leicht entfernen lassen. Während des Schneidens muß sie dem
Arbeiter genügend Übersicht gewähren und bei der Werkstoffzufuhr nicht im Wege
sein. 3. Wirtschaftliche Herstellungsmöglichkeit, damit die gewünschte Genauigkeit und Güte der Führung nicht der Kosten wegen herabgesetzt werden muß.

B. Unmittelbare Führung des Stempels

28. Führung in der Schnittplatte. Eine besonders einfache und billige und gleichzeitig gute Stempelführung ist die sog. *Hinterführung* (Abb. 114). Sie kann allerdings nur in besonderen Fällen angewendet werden, z. B. wenn es sich darum
handelt, Werkstücke, bei denen die Streifenbreite bereits Fertigmaß hat und als
solche nicht weiter bearbeitet wird, einseitig offen auszuschneiden oder abzuschnei-

den. Bei dieser Art der Stempelführung bekommen die Stempel an ihrer dem Werkstück abgewendeten Hinterseite einen verlängerten Ansatz, der bereits vor dem Schneiden in die entsprechend geformte Schnittplatte eingreift und dadurch den Stempeln in der Höhe der Schnittkante eine tadellose Führung gibt.

29. Führung in besonderer Führungsplatte (Abb. 209). Die Führungsplatte entspricht mit ihren Durchlässen für die Stempel vollkommen der Schnittplatte, so daß Schnittplatte und Führungsplatte zugleich bearbeitet werden können. Die Führungsplatte muß so dick sein, daß die Stempel während des Hubes nicht aus den Führungen heraustreten. Im übrigen gelten für die Bemessung der Führungsplattendicke dieselben Grundsätze wie für Lager und Führung (Schmalführung). Da bei der Bearbeitung auch gleichzeitig Bohrungen für die Befestigung der Führungsplatte auf der Schnittplatte hergestellt werden, sind Biegungsbeanspruchungen im Stempel infolge ungenauer Befestigung nicht zu befürchten. Verschiebungen der Führungsplatte während des Betriebes verhüten Paßstifte. Reibung kann in den Führungen auftreten, wenn der Stempel sich staucht. Zum Schleifen der Schnittplatte muß die Führung entfernt werden. Die Platte nimmt zwar dem Arbeiter zum Teil den Überblick, andererseits dient sie gleichzeitig als Blechführung, als Abstreifer und als Schutzvorrichtung. — In Abb. 115 sind gehärtete Stahlbüchsen in die Führungsplatte gepreßt. Genauigkeit und Einfachheit der Herstellung werden dadurch nicht gefährdet, wenn man bei der gemeinsamen Bearbeitung von Schnitt- und Führungsplatte diese vorbohrt und diese Bohrung als Führung für das größere Bohrwerkzeug benutzt. Die oberen Kanten der Buchsen sind gebrochen, um leichter schmieren zu können. Eine sorgfältige Durcharbeitung der Schmierung zeigt Abb. 116 (s. die Pfeile). Weiteres über die Buchsen s. Abschn. 31.

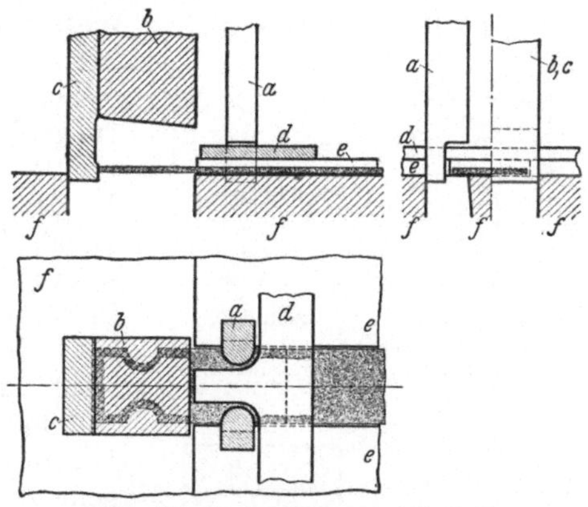

Abb. 114. Hinterführung von Stempeln
a Ausklinkstempel mit Hinterführung; *b* Abschneidestempel mit Hinterführung; *c* Anschlag für den Streifen; *d* Abstreifer; *e* Streifenführung; *f* Schnittplatte

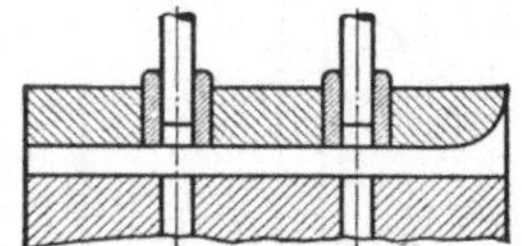

Abb. 115. Stempelführungsplatte mit Führungsbuchsen (Es können auch höhere Bundbuchsen verwendet werden)

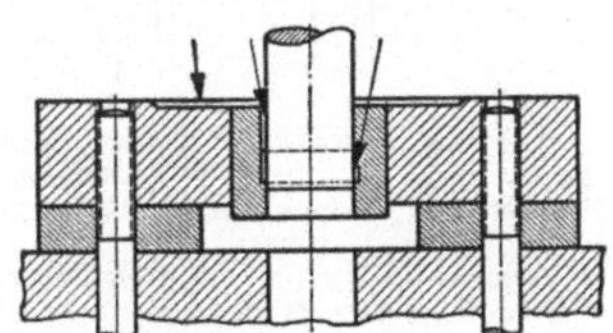

Abb. 116. Gute Schmierung in der Stempelführung

C. Mittelbare Führung des Stempels

30. Führung durch Bolzen (Schienen). Die einfachste mittelbare Führung ist die eines Stempels durch einen zweiten bei Mehrfachschnitten (s. Heft 44, Abb. 85b). Allerdings muß der erste Stempel die ganze Führungsbeanspruchung aufnehmen. Läßt man statt der Stempel besondere Bolzen in der Schnittplatte führen, so ist dieser Mangel behoben. Meist werden zwei Bolzen zur Führung angeordnet (außen in Abb. 117). Die Genauigkeit der Führung hängt davon ab, wie starr die Bolzen eingespannt sind. Daher macht

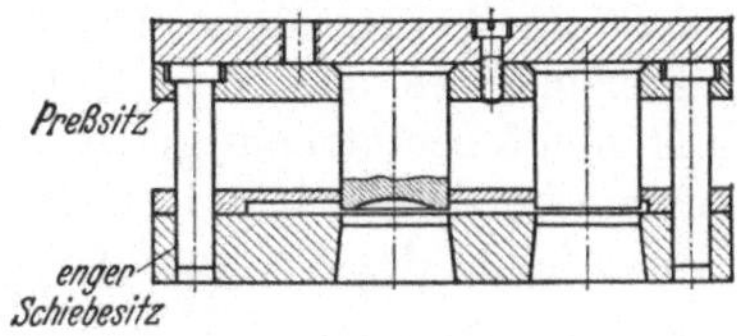

Abb. 117. Vierfaches Schnittwerkzeug mit Bolzenführung

man bei *Bolzenführungen* den Stempelkopf bzw. die Kopfplatte bis zu zweimal so stark wie beim *Plattenführungsschnitt*. Diesem gegenüber hat die Bolzenführung die Vorteile: 1. mit kürzeren Stempeln auszukommen, 2. übersichtlich zu sein und die Verarbeitung sperrigen Werkstoffes zu gestatten, 3. die Notwendigkeit zu

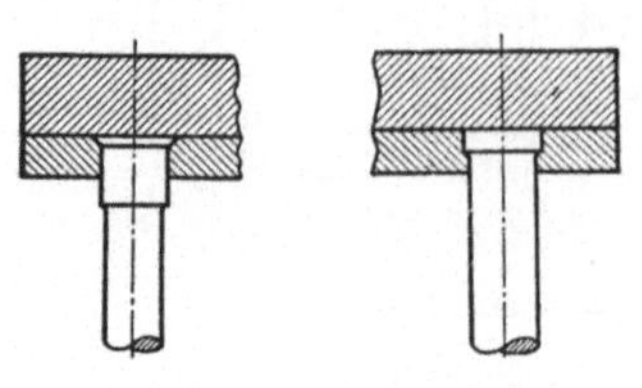

Abb. 118   Abb. 119

Abb. 118 u. 119. Bolzenbefestigung in der Kopfplatte durch Preßsitz

vermeiden, neben der Schnittplatte noch einen *genauen* Durchbruch für den Stempel in der Führungsplatte anbringen zu müssen.

Befestigungsarten für die Führungsbolzen: Preßsitz und Vernietung (Abb. 118), Preßsitz und Bund (Abb. 119); die Ansenkung für den Bolzenkopf kann zur Verbesserung der Zentrierung auch in der Kopfplatte angebracht werden. — Ferner: Treibsitz mit Sicherung durch eine Druckschraube (Abb. 120), Verschraubung mit ausreichender Vorspannung (Abb. 121).

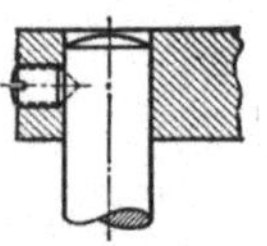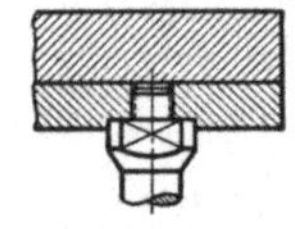

Abb. 120. Bolzenbefestigung durch Treibsitz

Abb. 121. Bolzenverschraubung mit Vorspannung

Abb. 122 zeigt eine Parallelführung durch Gleitschienen mit einem beweglichen Abstreifer. Die Parallelführung wird dort angebracht, wo aus irgendwelchen Gründen die Führungsplatte nicht angewendet werden kann (weil sie den Überblick behindert, die Werkstoffdurchleitung erschwert, zu hohe Herstellungskosten verursacht usw.). Sie behindert das Schleifen der Stempel nicht, erleichtert das Einrichten des Werkzeuges und erhöht damit seine Arbeitsgeschwindigkeit. Hinsichtlich der Genauigkeit steht sie der Führung durch Führungsplatte nach.

31. Führung durch Säulen (Schienen). Technisch einwandfrei ist die Führung des Stempelkopfes, wenn Werkzeugunterteil und Führungsmittel ein starres Ganzes sind. Mit solchen Führungen läßt sich höchste Genauigkeit erzielen. Je nach der Art der Führung unterscheidet man: Gleitschienenführung oder Säulenführung und Zylinderführung.

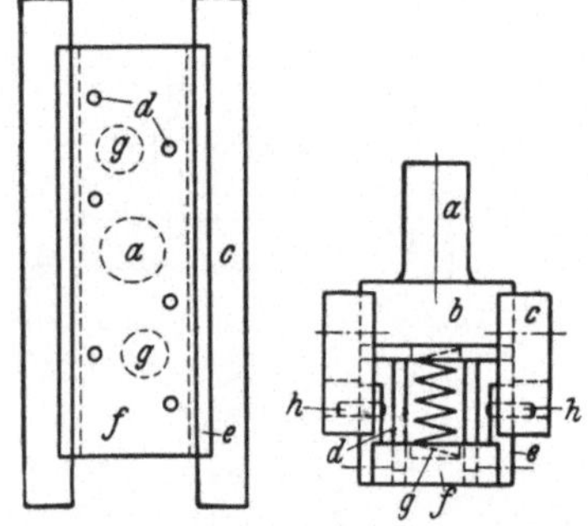

Abb. 122. Bewegliche Schienenführung der Stempel für die Bearbeitung sperriger Werkstücke. Ansicht von unten und von vorn

a Zapfen DIN 810; *b* Stempelkopf; *c* Schienen; *d* Stempel; *e* Führungen für *f*; *f* bewegliche Stempelführungsplatte; *g* Federn für die Rückzugbewegung von *f*; *h* Anschlagstifte

Der zu erzielende Grad der Genauigkeit hängt von zwei Umständen ab: von Sauberkeit, Spiel und Länge der Führung und von der Starrheit, mit der das eigentliche Führungsmittel (Schiene, Säule) mit dem Werkzeugunterteil verbunden ist.

Säulenführung (Abb. 123 u. 124). Werkzeuge mit Säulenführung werden entweder mit zwei oder vier Säulen gebaut. Damit die Abnutzung die Arbeitsgenauigkeit nicht beeinträchtigt, trifft man wohl Anordnungen wie Abb. 125: Die Führungen im Oberteil sind geschlitzt und durch Klemmschrauben zusammengezogen. Besser ist es, der Abnutzung selbst durch geeignete Schmierung zu begegnen. Unter Umständen genügt es hierzu schon, die Führungssäulen anzuspitzen, *a* in Abb. 123. Besser ist die Ausführung bei *b*: In das Werkzeugoberteil sind zwei gehärtete Stahlbuchsen eingepreßt, so daß nur oben und unten geführt und damit die Reibung geringer wird. Der Zwischenraum zwischen den Buchsen dient als Ölkammer. Schmiernuten lassen sich gegebenenfalls in den Bohrungen wie auch an den Säulen der Führung (s. Abb. 243) anbringen. — Die Führungssäule (Abb. 126) ist durchbohrt und mit einem Docht ausgefüllt, der das Öl aus dem Unterteil der Bohrung zu den Kanälen *a* hochsaugt, von wo aus es in die Rillen *b* gelangt. — Die Schmiernuten in den Säulen sind zu übersehen und leicht zu reinigen, in den

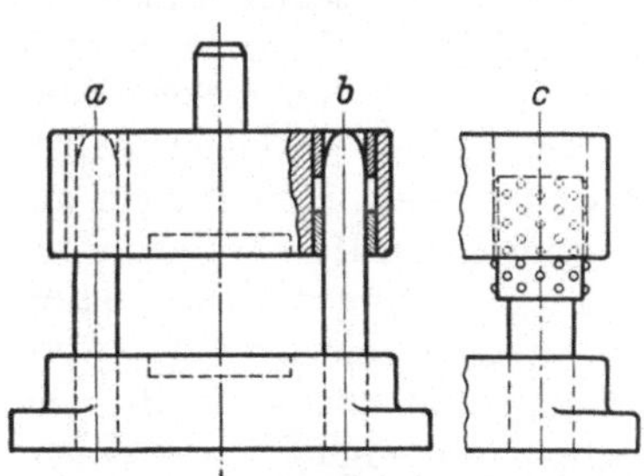

Abb. 123. Schnittgestell mit Führung durch 2 Säulen
a mit Bronzebüchse; *b* mit 2 gehärteten Stahlbuchsen und Ölkammer; *c* mit Kugelführung

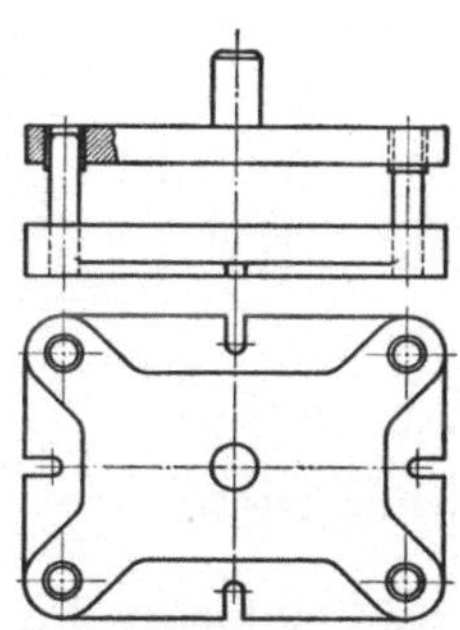

Abb. 124. Schnittgestell mit vier Säulen. Je nach Führungsbeanspruchung: ohne Buchsen, mit glatten Buchsen (wie gezeichnet), mit Bundbuchsen bei $1^1/_2$facher Länge, mit Kugelführungen

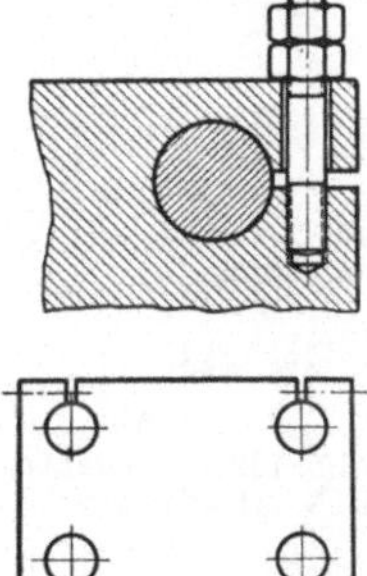

Abb. 125. Nachstellbare Säulenführung

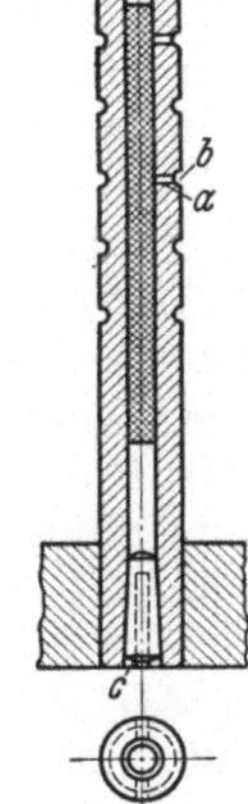

Abb. 126. Schmierung einer austauschbaren Führungssäule
a Schmierkanäle; *b* Schmierrillen; *c* Spannschlitz

Büchsen liegen sie an und für sich geschützter und können durch Deckel wie in Abb. 127 u. 128 abgedeckt werden. — Büchsen findet man in drei Ausführungen: Die glatte Buchse (Abb. 123); die Bundbüchse mit niedrigem Bund als Anschlag und als Begrenzung oder als Sicherung gegen das Herausziehen; schließlich die Büchse mit hohem Bund (Abb. 129), der zur Verlängerung der Führung dient. Bei den AWF-Normen für den Stempelkopf (s. Abb. 143) sind die Naben weit heruntergezogen. Eine gute

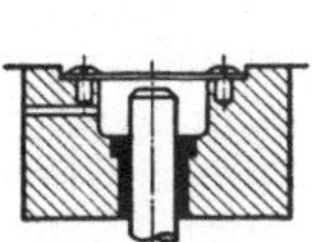

Abb. 127. Abgedeckte Säulenführung mit Deckel nach DIN 470 oder 443

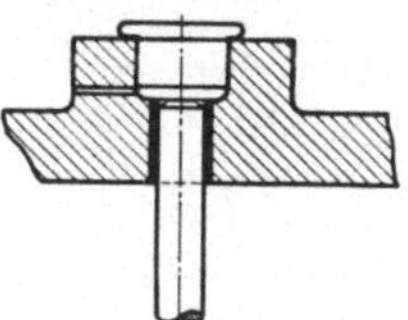

Abb. 128. Säulenführung mit Deckel nach DIN 443

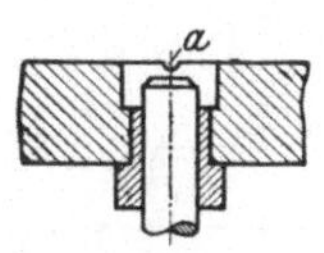

Abb. 129. Buchse mit hohem Bund nach DIN 172
a Luftschlitz bei Anliegen der Platte am Stößel

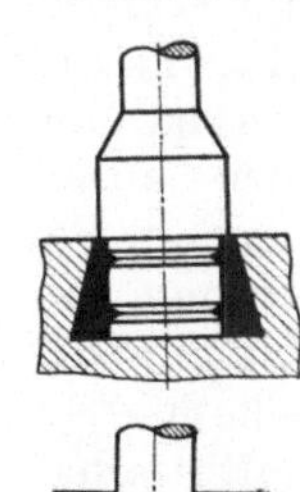

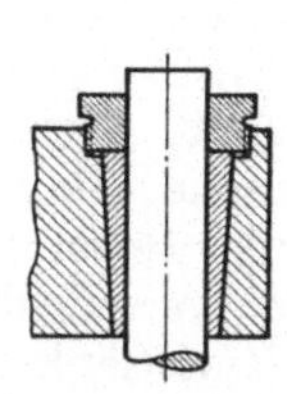

Abb. 130. Führungsbuchse aus Weißmetall usw. f. Führungssäulen

Abb. 131. Beispiele eingegossener Säulen

Führung kann folgendermaßen hergestellt werden: Das Werkzeugoberteil erhält eine kegelige Bohrung und oben ein kurzes Gewinde (Abb. 130). Stempel und Schnittplatte werden nun zusammengestellt, die kegelige Bohrung unten abgedeckt und dann mit Lagermetall ausgegossen. Zwei Nuten in der Bohrung verhindern ein Verdrehen der Weißmetallbuchse und ermöglichen es, sie wieder genau einzusetzen. Die Mutter dient zum Nachstellen bei eintretendem Verschleiß. Die Reibung (Stahl auf Weißmetall) ist günstig.

Die *Befestigung der Säulen* im Werkzeugunterteil durch Ausgießen kann man anwenden, wenn man genügend große Haftflächen schafft (Abb. 131). Es ist nur anwendbar, wenn das zum Ausgießen benutzte Metall nur einen sehr kleinen Wärmeausdehnungsbeiwert hat und in sich genügend fest ist. — In dem hohen Werkzeugunterteil ist die Säule (Abb. 123) mit Preßsitz befestigt. Ergibt sich aus Säulenquerschnitt und -höhe des Werkzeugunterteils kein unbedingt fester Preßsitz, so kann man ähnlich wie in Abb. 118 den Schaft der Säule verstärken. In vielen Fällen wird es genügen, Sicherungen gegen ungewolltes Herausziehen der Säulen anzubringen. Dies kann durch Anlageflächen erfolgen (Abb. 119 sinngemäß abgewandelt). Die

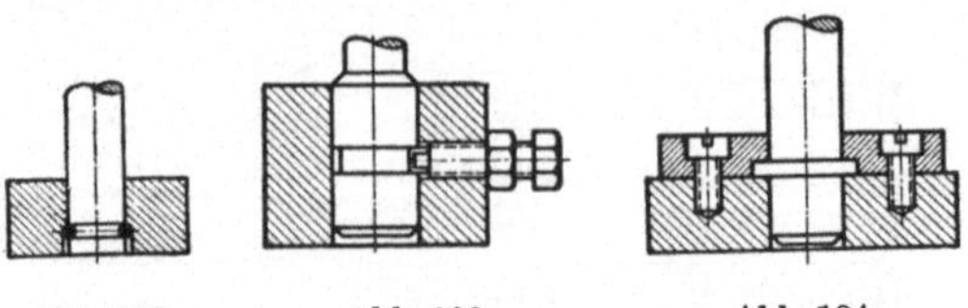

Abb. 132   Abb. 133   Abb. 134

Abb. 132 bis 134. Säulensicherungen

Abb. 132 mit Drahtring; Abb. 133 mit Zapfenschraube nach DIN 561 oder 927; Abb. 134 mit festgespanntem Anlagebund

gleiche Wirkung kann man einfacher durch eingelegte Drahtringhälften erzielen, die in eine halbringförmige Eindrehung der Säule passen und sich im Unterteil (Abb. 132) mit der äußeren Rundungsseite anlegen. Oft reicht eine einfache Stiftschraube aus (Abb. 133). Bei großen Schnitten findet man Säule mit Fuß als selbständiges Bauelement (Abb. 134 u. 135). Sollen Werksnormen für solche Fälle eingeführt werden, so empfiehlt es sich, diese so zu gestalten, daß der Fuß auch für Kurvensäulen verwandt werden kann (s. Abb. 69).

Zwei Einspannmöglichkeiten mit Gewinde zeigen Abb. 136 u. 137. Die Ausführung 137 gibt größere Sicherheit gegen Lockern, namentlich wenn die Säule mit Preßsitz eingesetzt ist und die Mutter bündig mit dem Werkzeugunterteil abschließt und sich gegen den Preßtisch legt. Befestigung der Säule durch Klemmung läßt sich so durchführen (Abb. 126), daß man die Säule anbohrt, schlitzt und durch einen kegeligen Paßstift fest an die Wandungen der Froschplatte preßt. Bis zu einem gewissen Grad ist es dadurch möglich, Führungssäulen auszuwechseln. Im vorliegenden Fall muß der Paßstift außerdem so lang sein, daß er den Schlitz abdeckt, damit kein Öl ausfließt. Symmetrische Säulenschnitte erhalten in der Regel, um

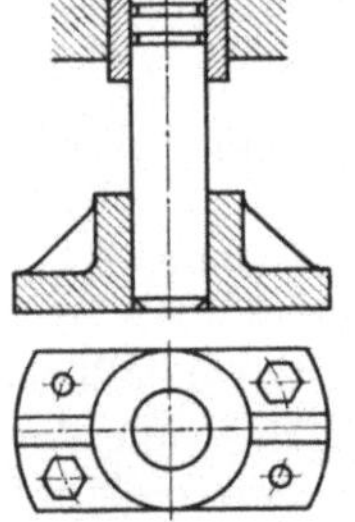

Abb. 135. Säulenbefestigung durch besonderen Fuß

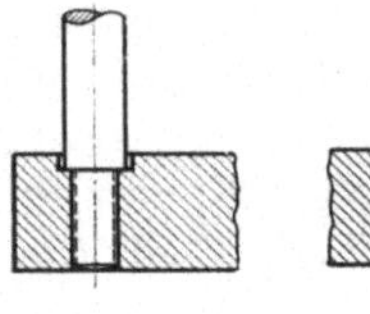

Abb. 136   Abb. 137

Abb. 136 u. 137. Säulenbefestigung durch Gewinde

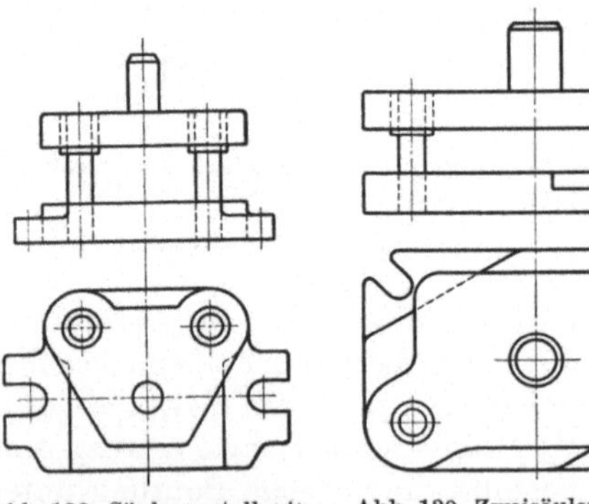

Abb. 138. Säulengestell mit einseitiger Führung

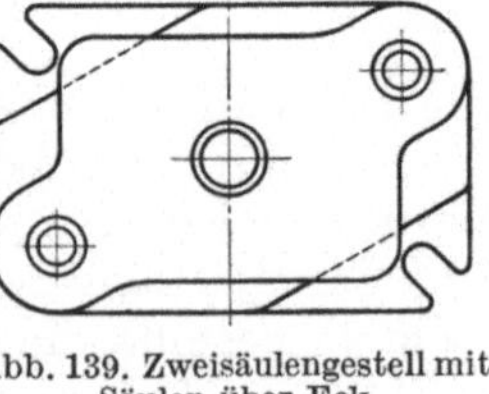

Abb. 139. Zweisäulengestell mit Säulen über Eck

falsches Zusammenbauen der Werkzeugteile auszuschließen, zwei verschieden dicke Säulen. Mit Rücksicht auf das Schleifen befestigt man besser eine Säule im Stempelkopf, die andere in der Froschplatte. Beim Viersäulenschnitt verfährt man sinngemäß. Die Führung nach Abb. 138 ist fragwürdig, weil einseitig. Als dritte Möglichkeit bleibt beim Zweisäulenschnitt der Weg, die Säulen diagonal zur Schnittfigur anzubringen (Abb. 139). Bezüglich der glatten Buchsen kann man sich an DIN 179 und DIN 180 halten, als Bundbuchsen kann man solche nach

DIN 172 anwenden. Die Entwicklung von Werksnormen ist so durchzuführen, daß man diese Buchsen auch als Führungsbuchsen für Stempel (s. Abb. 115) benutzen kann.

32. Die Zylinderführung (Abb. 140) kommt hauptsächlich für kleine, äußerst genaue Schnitte in Frage. Das ganze Werkzeugoberteil ist von der Führung umgeben. Das Führungsmittel hat die Form einer ein- oder zweiarmigen Presse. Die Führungsflächen sind zur Erzielung einer möglichst großen Genauigkeit lang gehalten. Dadurch vergrößert sich allerdings die Bauhöhe, so daß ein Werkzeug mit solcher Führung nicht in allen Pressen arbeiten kann. Die beiden Füße fassen schließend um die Schnittplatte — dadurch wird die Führung zentriert — und werden im Werkzeugunterteil verschraubt.

Wenn sperrige Stücke in kleinen Schnitten bearbeitet werden sollen, gibt man dem Führungs-

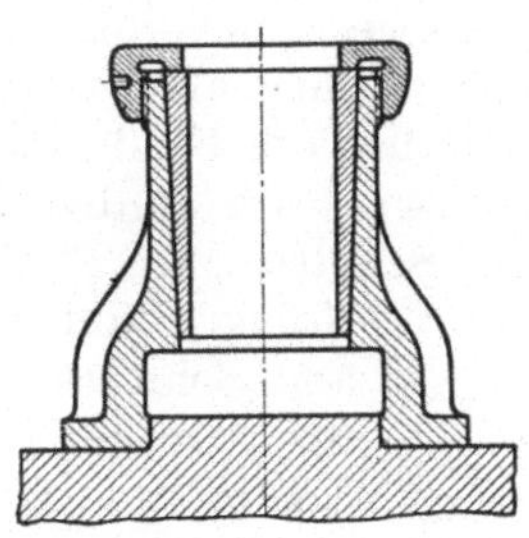

Abb. 140. Zweiarmige Zylinderführung

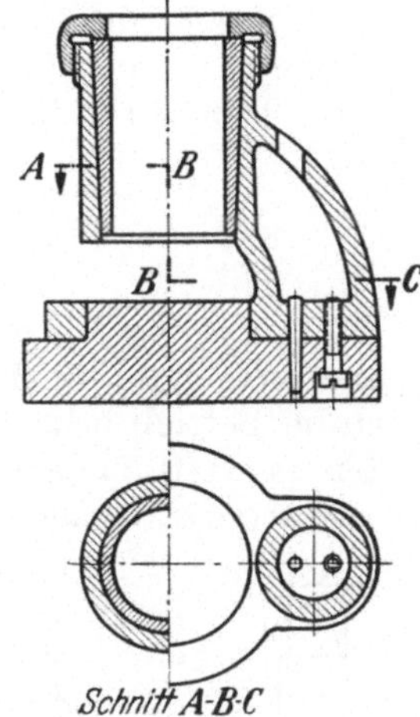

Abb. 141. Einarmige Zylinderführung

körper eine Form nach Abb. 141. Das Auslegerstück des Führungskörpers ist hohl und unten offen gegossen. Die untere Führung ist genau zentrisch ausgebohrt, über einen Zentrieransatz der Grundplatte gesetzt und dann der Körper durch einen Stift und Schrauben mit der Grundplatte sicher verbunden. Die Schnittplatte wird in die Grundplatte eingelassen.

V. Normung

Normung ist die Grundlage wirtschaftlicher Planarbeit. Planung und Festlegung von Regelformen gestatten sorgsame Auswahl, vorsorgende Beschaffung und vernünftige Lagerhaltung von Rohstoffen und ermöglichen es, Einzelteile in wirtschaftlicher Menge vorzubereiten und diese Halbfertigteile griffbereit zu lagern. Normung öffnet den Weg zur vielseitigen Verwendung der Einzelteile, zu ihrer Austauschbarkeit und schließlich zu ihrer Wiederverwendung. Die Idealform der Normung ist erreicht, wenn nur noch der Stempel und die Schnittplattenöffnung, also die mit der herzustellenden Form zusammenhängenden Teile herzustellen sind. Bis diese fertig sind, können die übrigen Teile beschafft sein. Selbstkosten können in kürzester Zeit ermittelt werden. Die ganze Arbeitsvorbereitung ist damit festgelegt. Wie bei einem Baukasten können aus genormten Einzelteilen, die fabrikmäßig hergestellt sind, Stanzwerkzeuge aller Art aufgebaut werden.

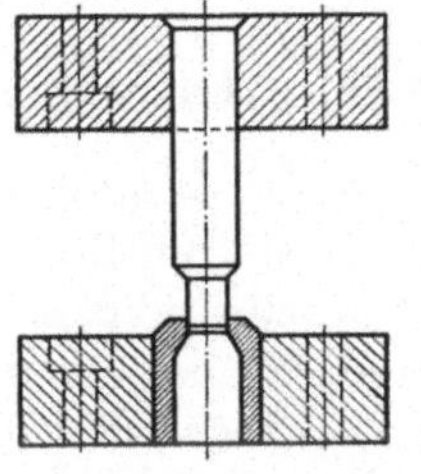

Abb. 142. Locher-Einheit nach HILBERT

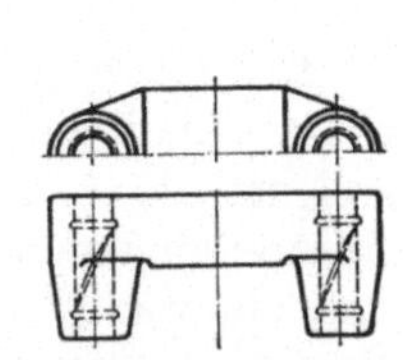

Abb. 143. Stempelkopf aus Grauguß nach AWF-Blatt 5903.

In vielen Fällen wird man nicht einmal Einzelaufbauteile auf Lager halten, sondern fertig zusammengebaute Schnittwerkzeuge, Schnittkästen und Blockschnittkästen. Für weitläufige Schnitte empfiehlt HILBERT die Verwendung einbaufertiger Lochereinheiten (Abb. 142), die als Freischnitte und als Schnitte mit

Plattenführung gebraucht werden können. Das AWF-Blatt 5904 zeigt fertige Schnittkästen und gibt deren zweckmäßige Zuordnung zu den Stempelköpfen (AWF 5903) an (Abb. 143). Das AWF-Blatt 5905 zeigt ausführliche Richtlinien für Schnittgestelle mit Säulenführung in verschiedenen Formen.

Genormte Einzelteile, die in der Stanztechnik öfter gebraucht werden, sind in den Tabellen 2 bis 6 (S. 14 bis 17) unter Angabe der DIN-Nummern aufgeführt.

VI. Sonstiges

33. Aufschläge haben den Zweck, zu verhüten, daß Werkzeugober- und -unterteil weiter ineinander geschoben werden, als konstruktionsgemäß zulässig ist. Dieses kann im Betrieb beim Nachfallen des Stößels nach Vollendung des Schnittes eintreten (s. Heft 59, Abschn. 24), beim Einbauen eines Schnittwerkzeuges in die Presse und beim Lagern des Schnittes. An Plattenführungsschnitten legt man ein Stück Stahl mit passenden Aussparungen für am Schnittkasten vorhandene Schraubenköpfe oder, wenn diese nicht vorhanden sind, mit Stiften auf die Führungsplatte oder an sonst geeignet erscheinende Stellen zwischen Werkzeugober- und -unterteil. Meist können sie daher auch noch nachträglich angebracht werden (Heft 59, Abb. 83). Ebenso können diese Stücke am Stempelkopf befestigt sein, wenn es notwendig ist. Bei Schnitten mit Säulenführungen kann man den Bund von Führungsbüchsen mit Verstärkungen der Säulen zusammen als Aufschlag benutzen. Man kann auch über die Säulen rohrförmige Stücke schieben (Abb. 144). Sollen diese nachträglich angebracht oder eingepaßt werden, so kann man ein Rohr schlitzen oder halbieren (Abb. 145).

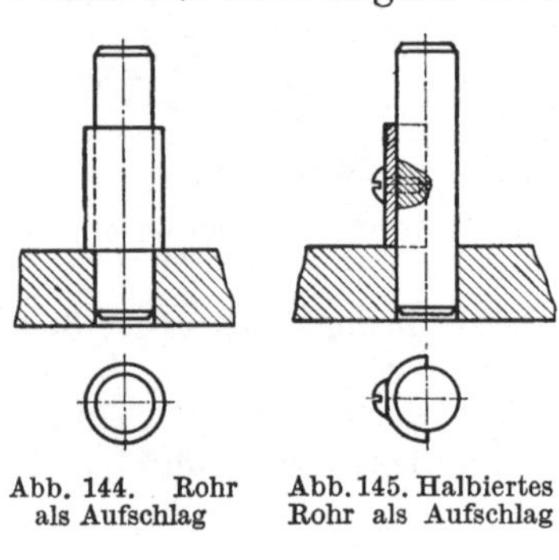

Abb. 144. Rohr   Abb. 145. Halbiertes
  als Aufschlag   Rohr als Aufschlag

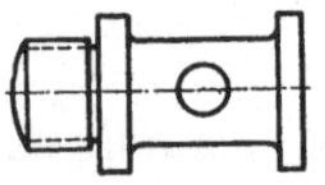

Abb. 146. Anhängebolzen (siehe auch Bolzen mit Gewindezapfen nach DIN 1438)

34. Aufhänger braucht man, um schwere Schnitte befördern zu können. Man sieht daher zweckmäßig Gewindelöcher für Ringschrauben nach DIN 580 vor oder für Anhängezapfen (Abb. 146, s. auch DIN 1438). Man kann sie auch anschweißen. Das Loch im Zapfen fällt dann fort.

VII. Abstreifer, Festhalter, Auswerfer

Das mit dem Stempel — infolge der Reibung zwischen Stempel und Werkstoff — emporgehobene Blech vom Stempel zu lösen, ist der Zweck des Abstreifers. Er steigert die Arbeitsgeschwindigkeit und ist ein Sicherheitsmittel gegenüber dem Abstreifen von Hand. Er besteht meist aus einer Platte, die den Stempel umgibt und ein wenig unter seiner Höchstlage fest angebracht ist. Solange er nicht die Bedienung des Werkzeugs behindert, sitzt er meist am Werkzeugunterteil, im anderen Falle am Stempelkopf. Er wird seinen Zweck um so besser erfüllen, je dichter er den Stempel umschließt, je geringer deshalb das auf das Blech wirkende Biegungsmoment wird. Andererseits pflegt man dem Abstreifer der leichteren Herstellung halber gegen den Stempel etwas Luft zu geben. Zu entbehren ist der Abstreifer bei Ausschneidearbeiten dicht am Blechrand, wenn der Zusammenhang des Abfallstreifens zerstört wird.

A. Feste Abstreifer

35. Reine Abstreiferformen. Ein an der Maschine angebrachter Abstreifer wird nur wenigen Arbeiten genügen können, weil er nach der Stempelform und der Wirkungshöhe einzustellen sein müßte. Die Ausführung eines solchen Abstreifers hat meist eine Form, wie in Abb. 147. An jeder Presse sind heute die Augen a angebracht, in deren Bohrung Bolzen b festzuspannen sind. Auf diesen Bolzen sind Arme c dreh- und ein-

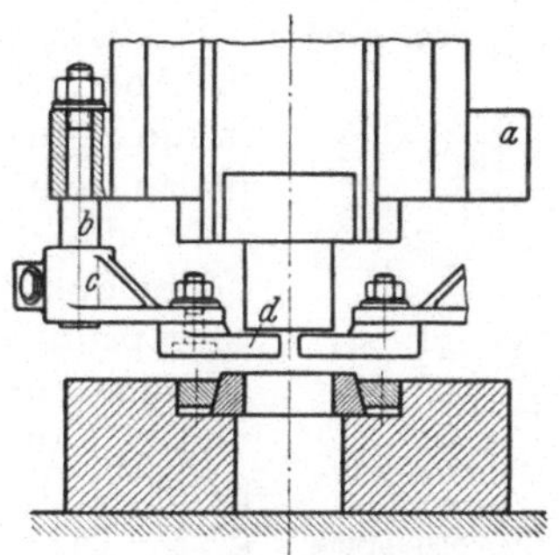

Abb. 147. Allgemein verwendbarer Abstreifer an der Presse
a Augen an der Presse; b Haltebolzen für die Arme c; d Abstreifer

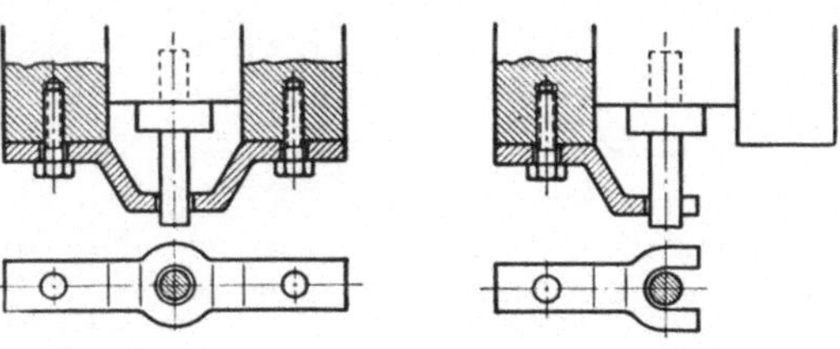

Abb. 148   Abb. 149
Abb. 148 u. 149. Besondere Abstreifer an der Presse

stellbar befestigt, die Schlitze und auf ihrer Unterseite Nuten haben. Hieran läßt sich der eigentliche Abstreifer d durch Schraube und Feder anschrauben. Sind jedoch die Augen a an der Presse nicht vorgesehen, so hilft man sich mit Abstreiferformen wie in Abb. 148 u. 149.

Der Abstreifer an der Maschine ist meist nur für rohe Arbeiten an sperrigen Stücken zu verwenden. Für ebensolche Zwecke ist der Abstreifer der Abb. 150 kon-

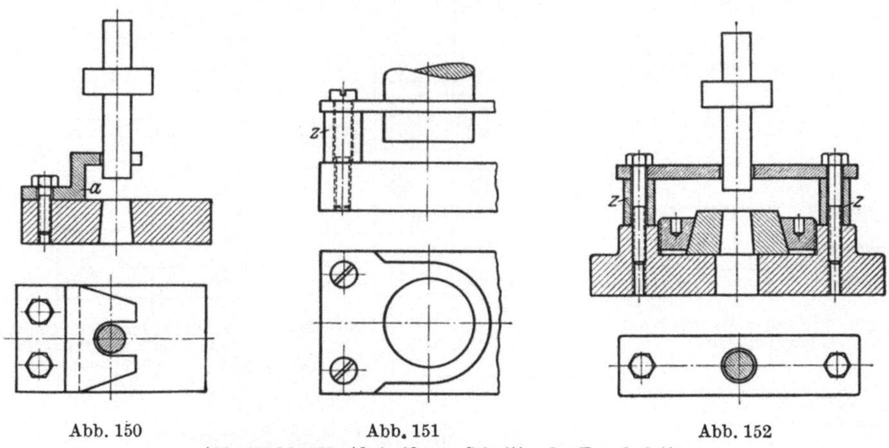

Abb. 150   Abb. 151   Abb. 152
Abb. 150 bis 152. Abstreifer an Schnitt- oder Froschplatte

struiert. Trotzdem er ziemlich dicht über der Schnittplatte anzubringen ist, erschwert er den Überblick nicht und erleichtert die Werkstoffzufuhr sogar durch eine Führungsfläche a. Die Herstellung kann man vereinfachen nach Abb. 151 u.152. Der Stempel ist vollständig vom Abstreifer umgeben, so daß die Anordnung auch bei Bearbeitung dünner Bleche zu verwenden ist. Zwischen Schnittplatte und Abstreifer stehen Zwischenstücke z, so daß man die Hubhöhe leicht je nach der Presse einstellen kann. Man fertigt den Abstreifer meist aus gezogenem Stahl, so daß sich eine Bearbeitung erübrigt. Ähnlich Abb. 153 u. 154: einfache und übersichtliche Lösungen, aber für den Arbeiter nicht ganz gefahrlos, daher nur für dicke Bleche anwendbar. Für dünne umfaßt der Abstreifer den Stempel nicht genügend.

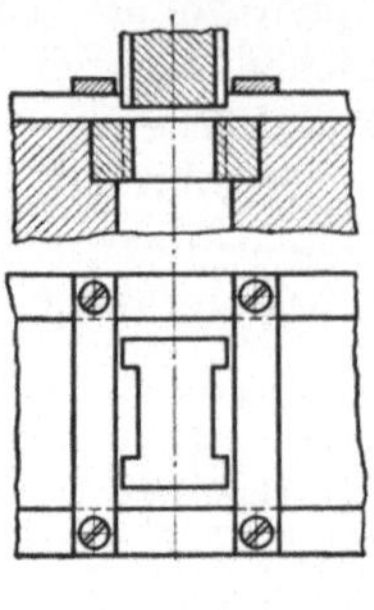

36. Abstreifer, die mit anderen Teilen des Schnittes gekoppelt sind. Der Abstreifer a in Abb. 155 ist in die Führungsplatte eingelassen und so ausgebildet, daß er den Stempel an seiner ganzen inneren und äußeren Schnittlinie umgibt. Die Bohrung b dient zur

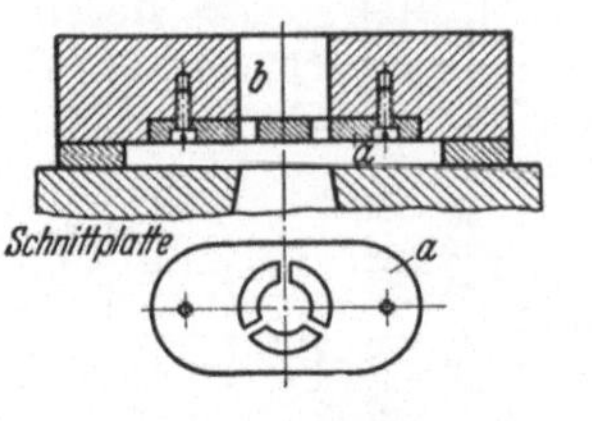

Abb. 153 Abb. 154
Abb. 153 u. 154. Abstreifer an Schnitt- oder Froschplatte

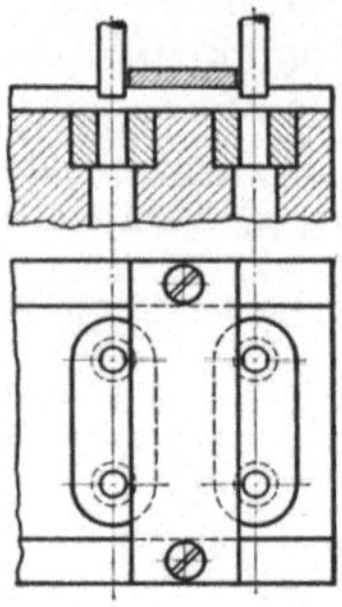

Abb. 155. In die Führungsplatte eingebauter Abstreifer
a Abstreifer; b Stempelführung

Führung. Der Stempel muß auf einer Höhe von Hub plus Abstreiferdicke die genaue Form des Schnittes zeigen; dahinter genügt einfache Zylinderform. Der Abstreifer ist vorsichtig zu befestigen, damit keine Spannungen im Stempel hervorgerufen werden.

B. Bewegliche Abstreifer

37. Federnde Abstreifer. Sollen näpfchenartig gezogene Werkstücke oder solche mit hochgebogenen Rändern im Boden gelocht werden, so benutzt man einen am Stempel befestigten federnden Abstreifer. Derartige Abstreifer haben, da sie am Werkzeugober-

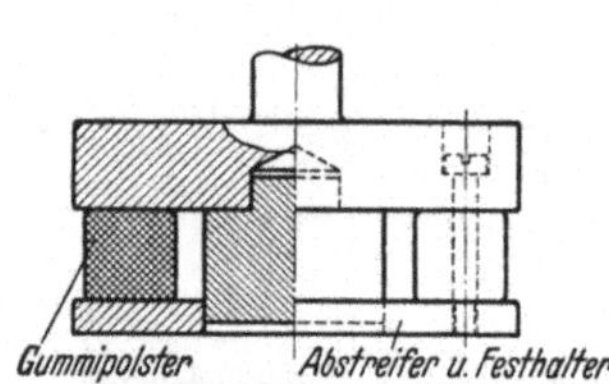

Abb. 156. Federnder Abstreifer mit Gummipolstern

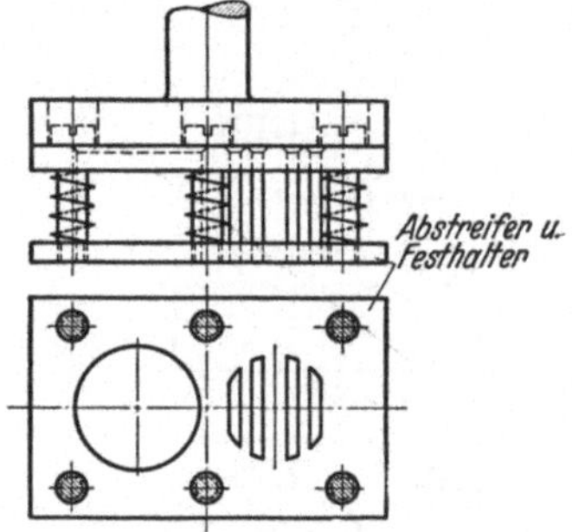

Abb. 157. Federnder Abstreifer und Festhalter

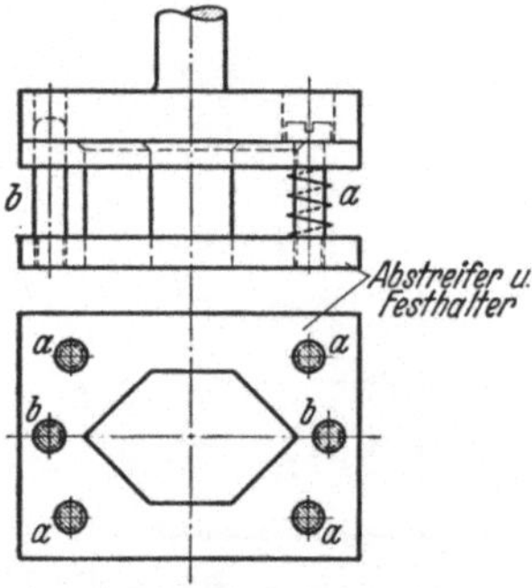

Abb. 158. Federnder und geführter Abstreifer und Festhalter
a Aufhängeschrauben; b Führungsbolzen

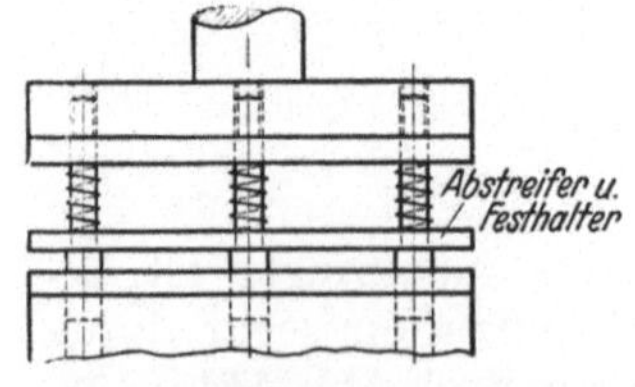

Abb. 159. Bolzenführung der Stempel als Abstreiferführung und Aufhängung

teil sitzen und mit dem Stempel zusammen hochgehen, noch den Vorteil, daß der Arbeiter beim Einlegen der Werkstücke eine gute Sicht bekommt und daß der Abstreifer als Festhalter wirkt, da er sich eher als der Stempel gegen das Werkstück preßt und es während des Schneidens festhält (Abb. 156 bis 159).

Je nach Art und Anordnung der Stempel werden in der Abstreiferplatte ein oder mehrere Bolzen verschraubt, die im Stempelkopf aufgehängt sind und ein Herabfallen der Platte verhindern. Um den Druck federnd aufzunehmen, benutzt man Gummipolster

(Abb. 156). Bei diesem genügt die Reibung infolge der großen Berührungsfläche, um ein Verschieben der Abstreiferplatte gegen den Stempelkopf zu verhindern. Nachteilig ist der große Platzbedarf für die Gummipolster, die auch zusammengedrückt genügend Raum haben müssen. Die Verwendung von Schraubenfedern beseitigt dieses Übel (Abb. 157 bis 159). Die Federn werden so angeordnet, daß sie die Schrauben- oder Führungsbolzen umgeben. Bei Bolzenführungen ist es zuweilen möglich, diese gleichzeitig als Abstreiferführung zu benutzen (Abb. 159). Während Gummipuffer nur bei verhältnismäßig geringen Zusammenpressungen unbedenklich anzuwenden sind, kann man die Federn ganz den Verhältnissen entsprechend auswählen und durch Vorspannen die Sicherheit des Abstreifens steigern. Es besteht die Gefahr, daß die Abstreiferplatte sich gegen den Stempelkopf verschiebt (z. B. in Abb. 157). Deswegen wird sie häufig besonders geführt, meist durch Bolzen, die wie in Abb. 158 in der Abstreiferplatte oder wie in Abb. 159 im Stempelkopf befestigt sind. Die verlängerten Köpfe der Führungsbolzen in Abb. 159 führen sich in der Schnittplatte, so daß also diese Konstruktion eine Vereinigung von Abstreifer, Festhalter und Parallelführung darstellt.

Nicht immer muß der Abstreifer flach sein. Bei schweren Schnitten, die größere Bewegungen im Werkstoff erwarten lassen, wie z. B. beim Lochen von Gefäßen, sind besondere

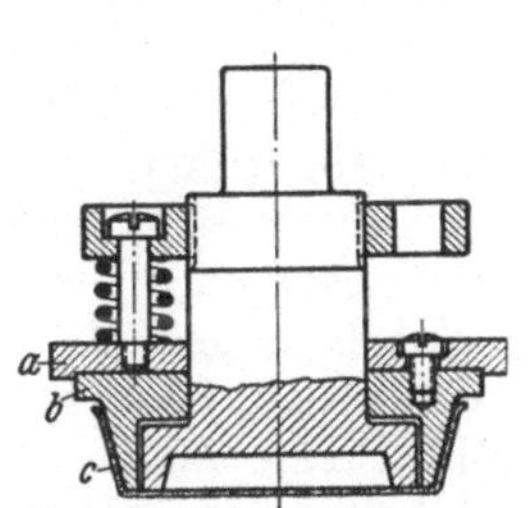

Abb. 160. Abstreifer, nach dem Werkstück gestaltet
a federnde Platte; b Abstreifer; c Werkstück

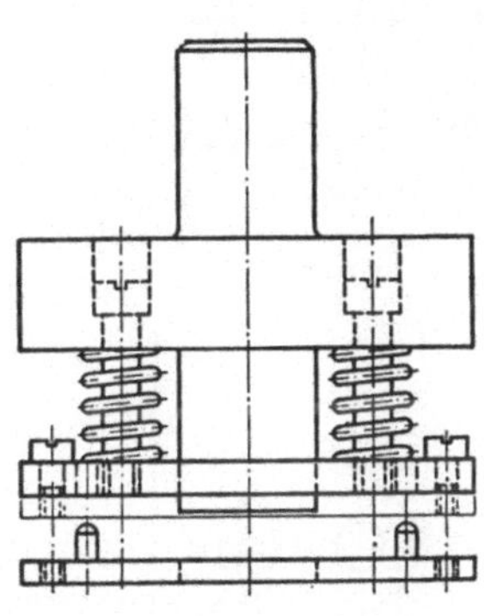

Abb. 161. Zweiteilige Abstreiferplatte

Formen nicht zu umgehen (Abb. 160). — Damit der Abstreifer sicher arbeiten und auch als Festhalter gebraucht werden kann, muß er über die Stempelunterkante hinausgehen (s. Abb. 156). Bei Werkzeugen ohne Führung wird dadurch das Einrichten erschwert. Für solche Fälle wählt man daher zweiteilige Abstreiferplatten (Abb. 161), bei denen der untere Teil zum Einrichten abgenommen werden kann.

38. Abstreifer als Auswerfer. Auswerfer dienen am Werkzeugunterteil denselben Zwecken wie Abstreifer. Die Auswerfereinrichtungen, die sich zuweilen an den Maschinen finden, werden zur Bewegung der unmittelbaren Auswerfer oder Abstreifer benutzt (Abb. 162): Die in der Platte verschraubten Bolzen gehen durch das Werkzeugunterteil; ihre Bewegung erhalten sie durch Hebelübertragung von der Maschine. Derartige Anordnungen sind einfach und haben den Vorteil der Zwangs-

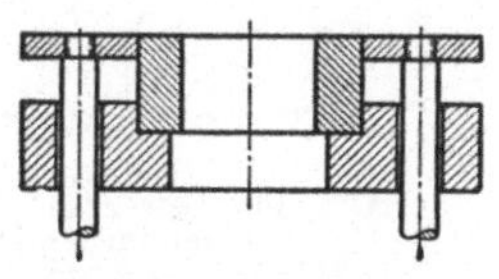

Abb. 162. Auswerfer, durch die Presse betätigt

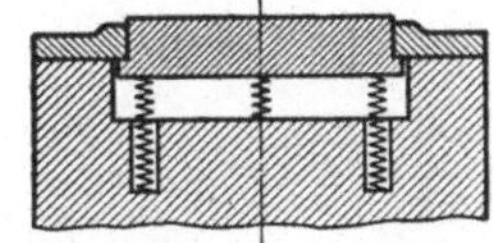

Abb. 163. Federnbetätigter Auswerfer

läufigkeit. Jedoch wird die Auswechselgeschwindigkeit (z. B. zum Schleifen) beeinträchtigt. — Mit diesem Nachteil hat man bei der Betätigung des Auswerfers durch Federn nicht zu rechnen. Für den verhältnismäßig großen Locher der Abb. 163 sind nur drei oder vier Federn notwendig, je nach der verlangten Länge. Ihre Versenkung in der Grundplatte verhütet ein Ausknicken. Die Abstreiferplatte kann sich gegenüber dem Werkzeug nicht verschieben, weil sie sich in der Schnittplatte führt. Allerdings lassen sich die Federn nicht nachstellen. Bei Verbundschnitten würden bei mehreren Auswerferplatten zu viele Federn notwendig. — Abb. 164

zeigt, wie hier Abhilfe geschaffen werden kann. Der Auswerfer ist unter dem Werkzeug angebracht, doch reichen Teile durch den Werkstoffdurchlaß im Pressentisch und sind so leicht zu beobachten und einzustellen. Sobald das auszuschneidende Blechstück zwischen Stempel und Auswerferplatte c festgeklemmt ist, beginnt der Schnittvorgang, wobei der Stempel vorgehend durch Stifte und Platte die Feder spannt. Die Federkraft hebt das ausgeschnittene Stück, immer noch eingespannt und flach gehalten, beim Zurückgehen des Stempels auf die Höhe des Werkzeugunterteils, wo es dann leicht weggenommen werden kann. Die Anordnung ist sehr anpassungsfähig, z. B. können so mehrere ringförmig ineinander arbeitende Auswerfer bei Verbundschnitten arbeiten. — Der Auswerfer Abb. 165 arbeitet nach demselben Grundsatz, läßt aber die Möglichkeit offen, Abfallstücke durchfallen zu lassen. — Abstreifer und Auswerferplatte des zur Herstellung von Ankerscheiben dienenden Schnittes sind im oberen Teil der Abb. 166 dargestellt. Diese Lösung war zu wählen, weil das Arbeitsstück richtig und sicher abgestreift werden mußte, aber eine Presse mit Abstreifer und Auswerfer, auf denen solche Arbeiten gewöhnlich hergestellt werden, nicht zur Verfügung stand. Infolge der großen Schnittfläche ist die hinter dem Abstreifer notwendige Kraft recht beträchtlich, so daß Bewegung durch Federn oder Gummipolster wegen des beschränkten Raumes nicht in Frage kommt. Abstreifer d und Auswerferplatte l sind in der gewöhnlichen Weise durch Bolzen b und Stifte c an einem Querbalken a befestigt. Dieser hat in senkrechter Richtung zwischen Stempelkopf und Kopfplatte Bewegungsfreiheit.

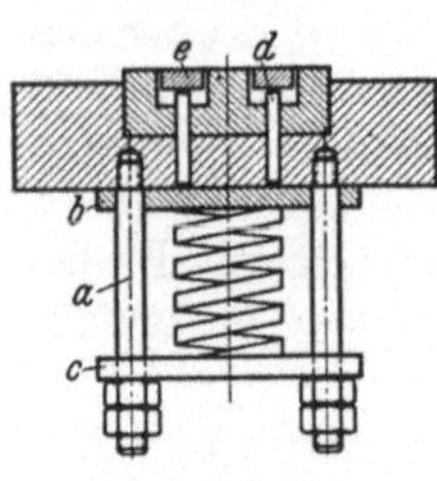

Abb. 164. Auswerfer mit mehreren Auswerferstiften *a* Stiftschrauben; *b* Spannplatte; *c* Widerlager für die Feder; *d* Auswerferstifte; *e* Auswerfer

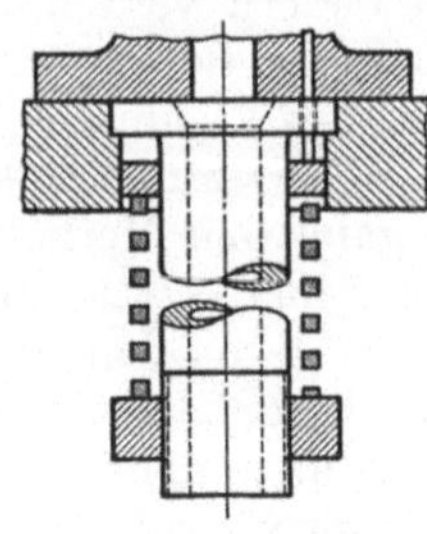

Abb. 165. Auswerferspannung mit Durchfallloch für Ausschnitte

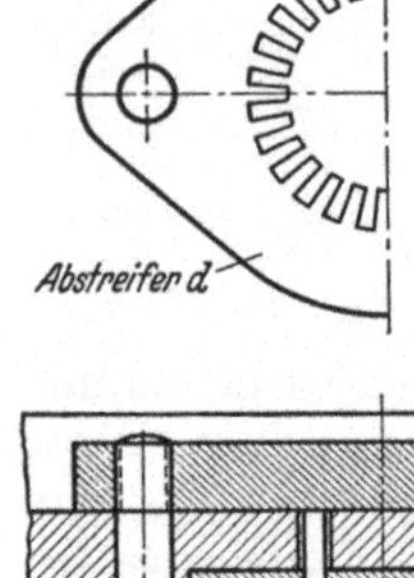

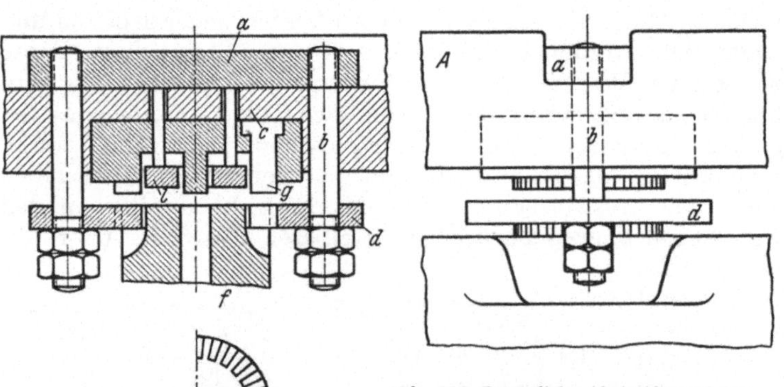

Abb 166. Bewegliche Abstreifer und Auswerfer am Werkzeugoberteil
A Kopfplatte; *a* beweglicher Querbalken; *b* Aufhängebolzen für Abstreifer *d*; *c* Stifte für Auswerfer und Abstreifer *l*; *g* Stempel; *f* Schnittplatte

freiheit. Beim Niedergang des Stempels werden Abstreifer und Auswerfer mit abwärts gehen, bis der Auswerfer l gegen die Schnittplatte f stößt. Dann muß der Querbalken a in die Höhe gehen. Nach Beendigung dieser Bewegung sind die Bleche getrennt. Das Werkzeugoberteil geht zurück. Infolge der Reibung zwischen dem Querbalken a und dessen Führung wird der Abstreifer folgen, bis er seine Kraft zu äußern hat. Dabei zieht der Abstreifer den Querbalken a in seine Tieflage herab und wirft durch Auswerfer l aus.

39. Das federnde Glied. Mit dem federnden Abstreifer sind die Federn als neues Maschinenteil aufgetreten. Die Federn spannt man mit etwa 1 bis 1,5 kg je Millimeter Schnittlänge des Stempels vor und legt der Größenbestimmung eine Belastung von etwa 10% des Schnittdruckes zugrunde. Die Länge des Federungsweges ergibt sich aus der Werkzeugkonstruktion. Als Federungsstoffe kommen Stahl und Gummi in Frage, Stahl als Schrauben-, Puffer- und Blattfeder, Gummi in geschichteten Platten und Ringen. Bei den Schraubenfedern ist runder Drahtquerschnitt vorherrschend. Um allen Anforderungen mit Rücksicht auf Platz, Federungsweg und Empfindlichkeit genügen zu können, findet man aber auch quadratische, elliptische und flache Querschnittsformen. Bei Pufferfedern, die für hohe Drücke bestimmt sind, ist ein hochkantstehender, nach den Enden zu verjüngter Stahlstreifen schraubig gewickelt.

Neuerdings ist die *Tellerfeder* zu einem recht brauchbaren Aufbauelement geworden, mit dem man vor allem sehr platzsparend bauen

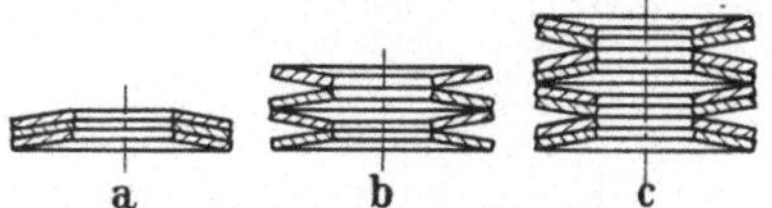

Abb. 167a—c. Tellerfedern
a) Tellerfedern im Paket; b) Federsäule aus Einzeltellern; c) Federsäule aus Paketen

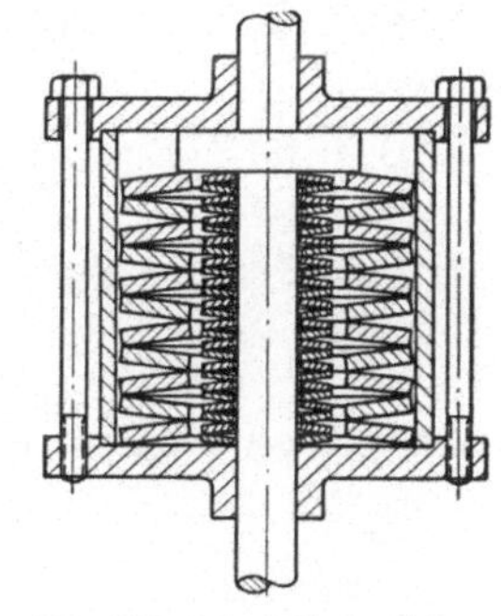

Abb. 168. Zwei Federsäulen ineinandergesetzt

kann. Die Tellerfeder (Abb. 167) ist für die Aufnahme hoher Drücke besonders geeignet. Sie läßt sich aus dem gleichen Element zu verschiedenen Federungsansprüchen aufbauen. Als Biegungsfeder arbeitet sie zentrisch. Bezeichnend ist der geringe Platzbedarf (Abb. 168). Gehalten wird die Tellerfeder meist durch einen vergüteten oder einsatzgehärteten Mittelbolzen (Berechnungsunterlagen s. Z. VDI 1944, Heft 47/48, Seite 643).

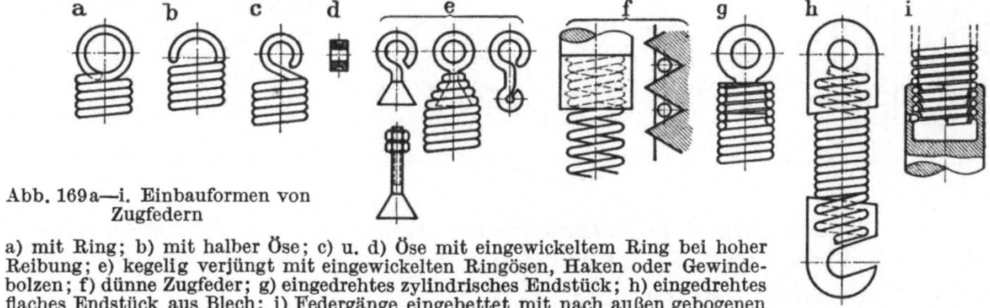

Abb. 169a—i. Einbauformen von Zugfedern

a) mit Ring; b) mit halber Öse; c) u. d) Öse mit eingewickeltem Ring bei hoher Reibung; e) kegelig verjüngt mit eingewickelten Ringösen, Haken oder Gewindebolzen; f) dünne Zugfeder; g) eingedrehtes zylindrisches Endstück; h) eingedrehtes flaches Endstück aus Blech; i) Federgänge eingebettet mit nach außen gebogenen Federenden. (Werkzeugmaschine 1929, S. 143)

Je nach Beanspruchung der Federn auf Zug oder Druck ergeben sich verschiedene Einbauformen. Zugfedern werden mittels Ösen, Haken, Ringen einfach eingehängt (Abb. 169). In Abb. 170 sind einige Einbaumöglichkeiten für Druckfedern zusammengestellt. Genügt eine Feder nicht, so kann man auch mehrere ineinander anordnen. Müssen Stanzteile durch das Innere einer Feder hindurch befördert werden, so muß ein Rohr im Inneren der Feder angebracht sein, damit sich das Stanzteil nicht in der Feder fangen und den Durchgang versperren kann. Die Druckfedern sind im DIN-Blatt 2075 genormt. Daraus ergibt sich, daß auch Abstreiferelemente für Pressen und Werkzeuge entworfen werden können, wie in Abb. 171 dargestellt. Die Hülse hat das Federungsspiel gegen Störungen von außen zu schützen und das Ausknicken der Federn zu verhüten. Die Schraube selbst ist mit einer Durchfallöffnung versehen. Der Teller dient dem Aufsatz der Auswerferstifte.

Gummipuffer haben den Vorteil der gleichmäßigen Druckverteilung. Sie werden aus diesem Grunde meist als Ringe (Abb. 172) oder als Platten in Lagen verwandt.

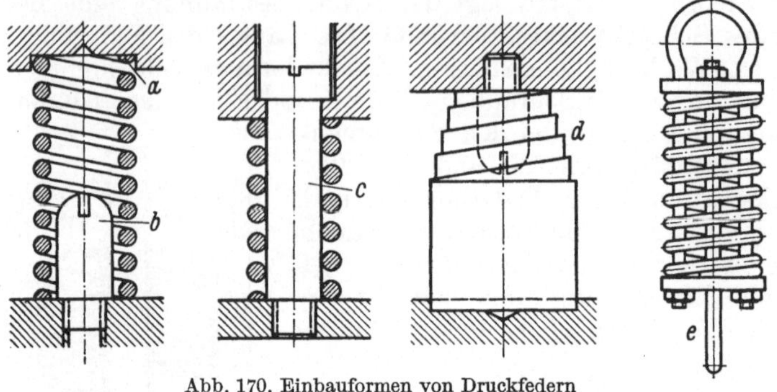

Abb. 170. Einbauformen von Druckfedern
a Einsenkung; *b* Formschraube; *c* ausweichender Schraubenbolzen; *d* Puffer-feder; *e* Druckfeder als Zugfeder angewandt

Allerdings kann' man keine großen Fede rungswege erreichen. Bei ungleichmäßiger Belastung neigen sie sonst dazu, in sich abzugleiten. Mit Ein lagearten wie in Abb. 173 kann man dem ent gegenwirken. Nach teilig bleibt der große Raumbedarf infolge der Querausdehnung. Diese wiederum kann man benutzen, um eine verstärkte Kraftwirkung in nur einer Richtung zu erzwingen, wie dieses in Abb. 173 geschehen ist. In dieser ist den Auswerferstiften mit Rücksicht auf un-gleichmäßige Werkstoffdicke Ausweichmöglichkeit in ein vollständig gekapseltes

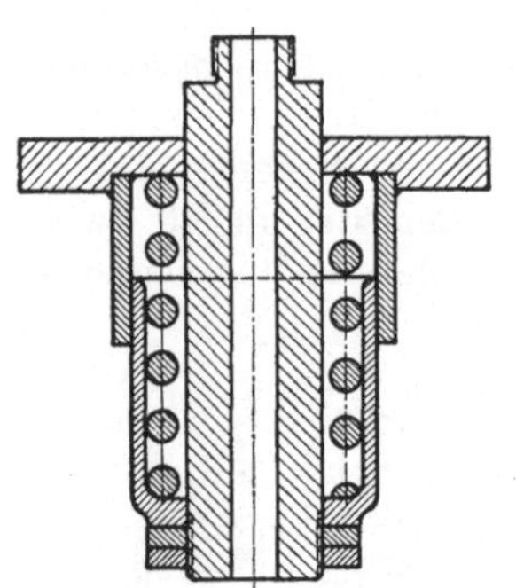

Abb. 171. Abstreifer-Element

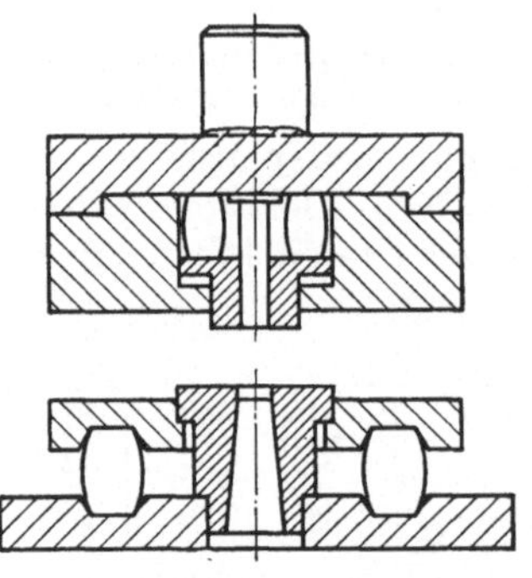

Abb. 172. Einbaubeispiele für Gummi-ringpuffer

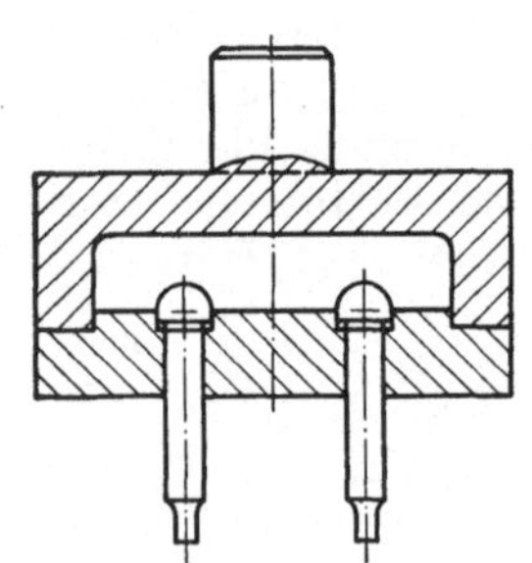

Abb. 173. Gekapseltes Gummipolster

Gummipolster gegeben. Ähnliche Verhältnisse kann man durch Luftkissen erzielen. Sie haben den Vorteil, daß ihr Druck genau den vorgeschriebenen Umständen entsprechend eingestellt werden kann.

C. Auswerfer rechtwinklig zur Stempel- und Werkstoffbewegung

Bisher hatten Festhalter und Auswerfer in erster Linie den Zweck, die Arbeit des Abstreifers zu vervollständigen. Anders liegt der Fall, wenn Festhalten und Auswerfen Haupttätigkeiten werden, unabhängig vom Abstreifer, wenn sie nicht in der Schnittrichtung, sondern in der Bewegungsrichtung des Stanzteils arbeiten.

Im weiteren Sinne sind also unter Festhalter und Auswerfer die Werkzeugteile zu verstehen, die zur Sicherstellung eines einwandfreien Arbeitsablaufes zwischen dem Zuordnen des Werkstoffes zu den Werkzeugen und dem Wegnehmen des be-arbeiteten Teils notwendig sind.

40. Von Hand bewegter Auswerfer. Solche Auswerfer nehmen Formen an wie Abb. 174. In der Zwischenlage *a* zwischen Schnittplatte und Abstreifer liegt ver-schiebbar eine Schiene *b*, die von Hand durch den Druckknopf *e* bewegt wird. Sie hat Kurvenflächen *c*, die Stifte *d* verschieben. Vor diesen Stiften ruht das ausgeschnittene oder gelochte Stück, das hierdurch seitlich aus dem Werkzeug bewegt wird. Federn *f* bringen Stifte und Schiene in die Ausgangslage zurück. Das Werkstück ist U-förmig, ähnlich Abb. 221.

41. Selbsttätiger Auswerfer (Abb. 175). Seine Wirkung beruht darauf, daß das Stanzteil von dem Stempel beim Rückgang mit in die Höhe genommen wird. Infolge der abgeschrägten Fläche wird der Auswerfer zurückgebracht und die Feder gespannt. Nach dem Abstreifen entspannt sich die Feder wieder und befördert das nunmehr frei bewegliche Stanzteil soweit aus dem Werkzeug, das es bequem zu fassen ist. Wo viele Stempel gleichzeitig durch das Blech gehen, kann man je einer Gruppe Stempel einen Auswerfer zuordnen (Abb. 176). Der Abstand zum Auswerfer darf nicht zu groß sein, damit das Werkstück beim Hochgehen den Auswerfer spannen kann. Bei größeren

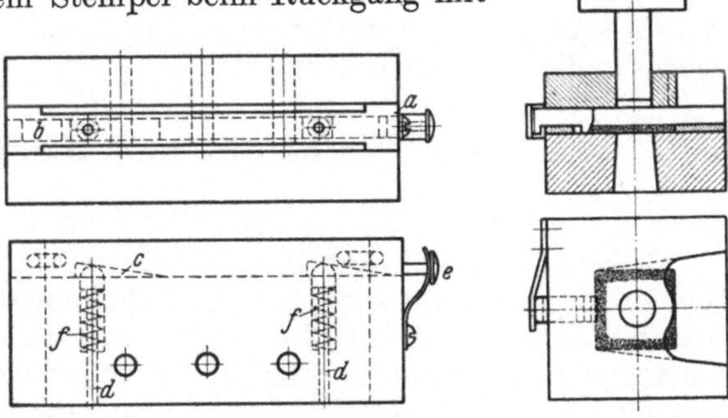

Abb. 174. Von Hand bewegter Auswerfer
a Zwischenlage für das Werkstück; *b* Schiene mit Kurven *c*; *d* Auswerfer; *e* Druckknopf; *f* Rückzugfedern; Werkstück ähnlich Abb. 221

Abb. 175. Selbsttätiger Auswerfer

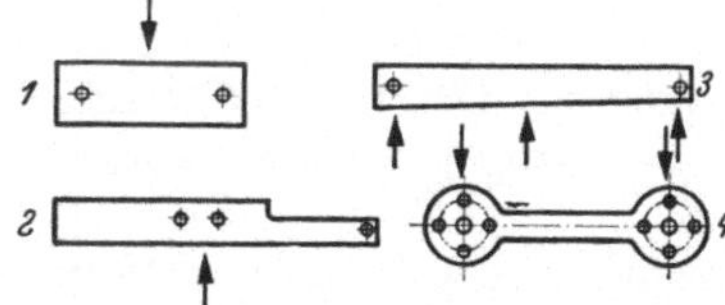

Abb. 176. Stellung der Auswerfer zu den Stempeln bzw. zum Werkstück (4 Beispiele)

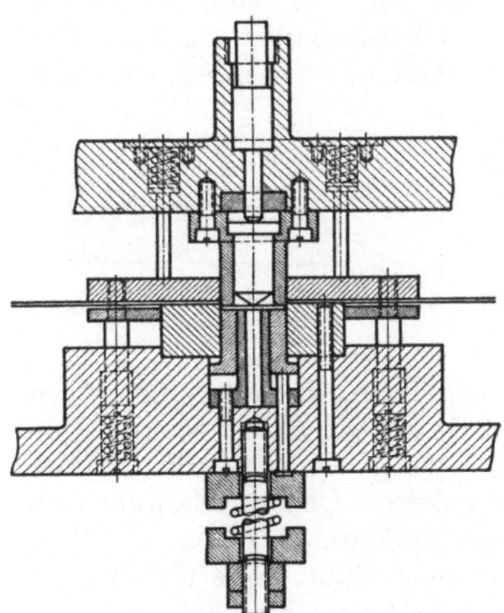

Abb. 177. Hochheben des Blechstreifens zum Auswerfen

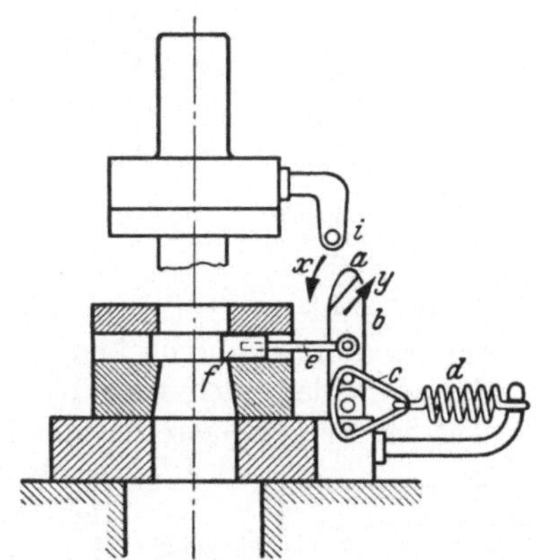

Abb. 178. Vom Stempelkopf bewegter Auswerfer
a erhabenes Kurvenstück; *b* Steuerhebel, wird durch Bügel *c* und Feder *d* in senkrechter Lage gehalten; *e* Stoßstange; *f* Auswerfer; *i* Stift am Stempelkopf; *x* dessen Weg, relativ zu *a*, beim Abwärtsgang des Stempels; *y* beim Aufwärtsgang des Stempels

Abständen wird namentlich bei dünneren Werkstücken der Auswerfer über dem Stanzteil stehen bleiben, dieses bei der Aufwärtsbewegung des Stempels mit dem Stanzteil also verbiegen und an den Stempel festklemmen. Die Wurfkraft, das ist die Federstärke der einzelnen Auswerfer, muß sich nach dem vor ihnen liegenden Werkstoffgewicht richten. Der in Abb. 177

dargestellte Auswerfvorgang ist insofern bemerkenswert, als der Blechstreifen zum Auswerfen hochgehoben wird, so daß das fertige Stück unter dem Streifen aus dem Werkzeug einer schrägstehenden Presse herausgleiten kann.

42. Vom Stempelkopf bewegter Auswerfer (Abb 178). Am Stempelkopf ist ein Ausleger mit einem Stift angebracht, der beim Abwärtsgang einen Hebel zurückdrückt und damit gleichzeitig den Auswerfer. Eine Kurve am Hebel schiebt beim Aufwärtsgang den Auswerfer gegen das Stanzteil. Danach bringt ihn eine Feder wieder in die Ausgangslage zurück.

VIII. Werkstoff- und Werkteilführungen
A. Werkstofführungen

43. Zweck der Führung: Ersparnis von Stoff dadurch, daß dem Arbeiter die Handarbeit erleichtert wird, und die Erhöhung der ausgenutzten Hubzahl. Ist ein Arbeiter, nachdem er den Blechstreifen in eine ihm günstig scheinende Lage zum Werkzeug gebracht hat, im Begriff, die Kupplung der Presse auszulösen, so wird er sich mit seinem ganzen Körpergewicht über die Fußtrittlösung beugen. Sehr leicht läßt dabei der von den Händen ausgeübte Fingerdruck nach und der Streifen wird verschoben. Im günstigsten Falle wird er weitergeschoben und Werkstoff verschwendet; ebenso gut kann er aber in entgegengesetzter Richtung verschoben werden. Am Schnitteil wird dann Werkstoff fehlen, und das Stück ist Ausschuß. Schließlich kann das Blech gerade dann bewegt werden, wenn der Stempel auf den Werkstoff aufsetzt. Der Stempel kann dabei aus seiner Lage gebogen und damit das ganze Werkzeug gefährdet werden. Solchen Fehlern soll eine gute Führung vorbeugen.

44. Führung in der Schnittrichtung. Zur Führung der Unterseite des Bleches dient gewöhnlich die Frosch- oder Gesenkplatte, der Oberseite die feste Abstreifer- oder Stempelführungsplatte. Sind diese nicht vorhanden, so werden besondere

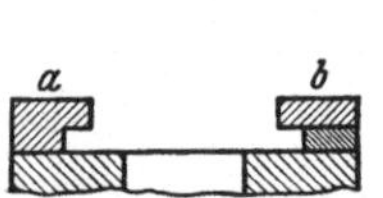

Abb. 179. Blechführung in der Schnittrichtung, *a* oder *b*

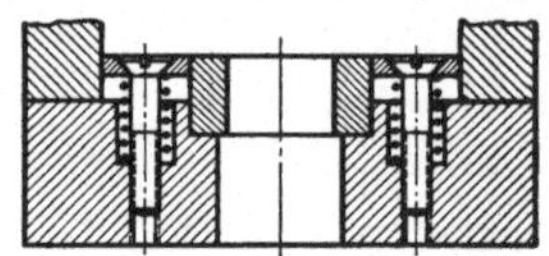

Abb. 180. Federnde, nachstellbare Unterführung

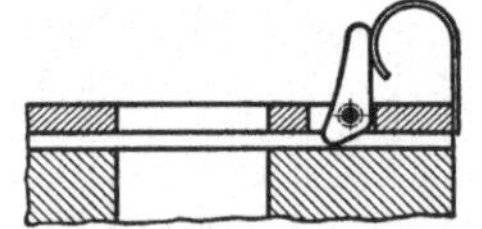

Abb. 181. Federnde Oberführung

Konstruktionsteile nötig (Abb. 179a u. b). Die beweglichen Abstreifer- und Stempelführungen können nicht benutzt werden, weil sie gerade dann, wenn sie das Blech führen sollen, sich vom Unterwerkzeug entfernt haben. Ragt die Schnittplatte aus der Froschplatte hervor, kann man eine federnde Unterplatte anbringen (Abb. 180), die sich durch Schrauben genau auf Höhe der Schnittplatte einstellen läßt. Eine Gefahr, daß der Blechstreifen sich verbiegt, besteht dann nicht mehr. Wegen des Spiels in der senkrechten Führung kann es vorkommen, daß gerade über der Schnittplatte der Blechstreifen hohl aufliegt: das Werkzeug „knallt". Durch Anordnung nach (Abb. 181) kann man sattes Aufliegen erzwingen.

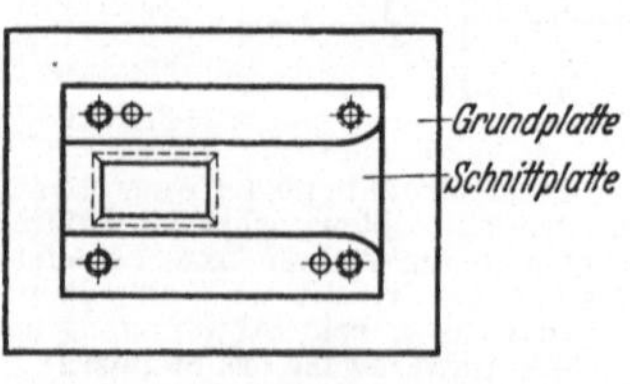

Abb. 182. Vollständige starre Querführung

45. Führung in der Querrichtung. Eine vollständige Führung zeigt Abb. 182. Die Abrundungen, die zweckmäßig auch an der Ober- und Unterführung angebracht werden, sollen das Zuführen des Werkstoffes erleichtern und sind namentlich bei Verarbeitung kurzer Streifen zeitsparend. Wo angängig, werden die Streifenquerführungen zusammen mit der Stempelführung bzw. dem Abstreifer durch Schrauben, durch Paßstifte oder durch beides befestigt.

Unter dem Zusammenwirken von Vorschub- und Fließbewegung tritt neben den Stempeln der größte Verschleiß an den Führungsleisten ein. Um diesen an der wichtigsten Führungsstelle herabzusetzen, verwendet man gehärtete Schienen oder ersetzt diese durch einzelne gehärtete Stifte (Abb. 183).

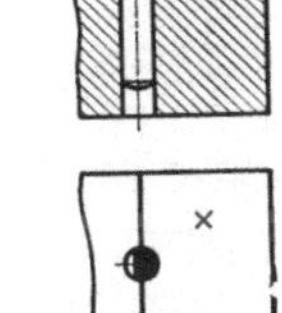

Abb. 183. Gehärtete Stifte als Führung

Häufig liegen die Betriebsbedingungen so, daß eine vollständige Führung in der Querrichtung nicht angebracht ist (Abb. 184 u. 185). Bei Abb. 184 ist der Stempel fast so groß wie die Blechstreifenbreite: infolgedessen verbiegt sich der Streifen nach außen. Um ein Festklemmen in den Führungen zu vermeiden, darf das Blech also nur vor dem Schnitt geführt werden. Bei Abb. 185 ist ein sperriges Blech am Rande zu bearbeiten, weshalb nur eine einseitige Führung möglich ist. Manchmal genügt zur Führung ein einstellbares Lineal (Abb. 186). Um unter beliebigem Winkel schräg spannen zu können, wird in Abb. 186 das Lineal durch eine Ausführung nach Abb. 187 ersetzt. Dieses Lineal wird durch je eine Schraube in jedem Schlitz festgespannt; der Tisch muß dazu parallele Längs- oder Quernuten haben.

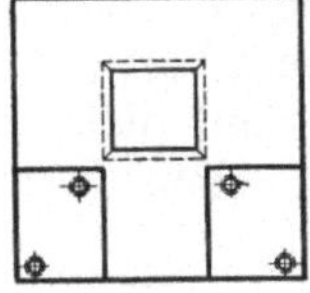

Abb. 184. Querführung vor dem Schnitt

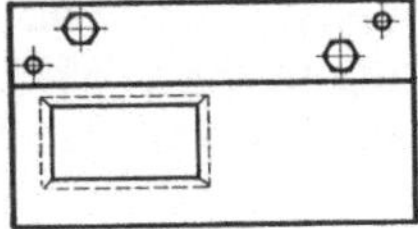

Abb. 185. Einseitige Querführung für sperrige Werkstücke

Trotzdem diese Art Führungen die Arbeit sehr erleichtern, lassen sie an Genauigkeit zu wünschen übrig, selbst wenn sie genau gearbeitet, eingerichtet und befestigt sind; denn das Blech muß mit Spiel zwischen den Führungen gleiten, namentlich wenn es als Band verarbeitet wird, dessen Breite innerhalb großer Toleranzen schwankt. Man verwendet daher federnde Führungsleisten. Die Anordnung nach Abb. 188 ist an jedem Werkzeug nachträglich leicht anzubringen. An beiden Führungen werden an den beiden Längsenden abgewinkelte Ösen angebracht, in die man zwei

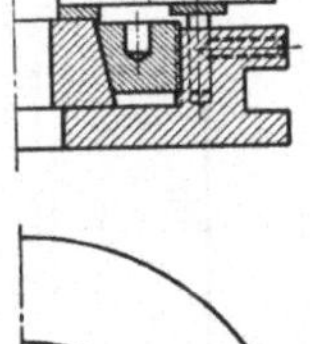

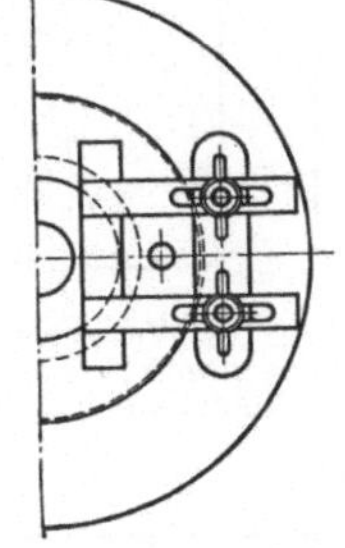

Abb. 186. Einstellbare Querführung

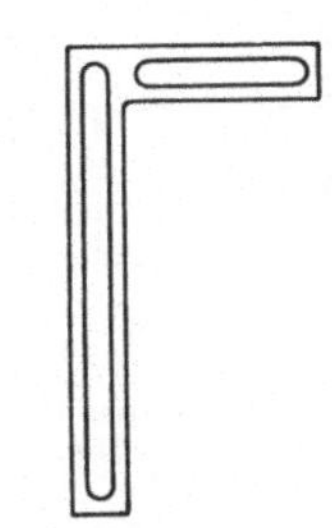

Abb. 187. Einstellbares Lineal für Querführung

Zugfedern einhängt. Wird der Streifen schmäler, so wird die bewegliche Führungsleiste dem Zug der Federn nachgeben und den Blechstreifen gegen die feste Führung schieben. Der Stempel wird also immer in genau dem gleichen Abstand von dem der festen Führung zugekehrten Rand des Blechstreifens in den Werkstoff eindringen. Die gewinkelten Ösen verhüten, daß die Federn der Blechzufuhr im Wege sind. Die Ausführung ist sehr billig, doch ist ihre Betriebssicherheit von vielen Begleitumständen abhängig. Daher befinden sich in Abb. 189 die Federn in der rückwärts gelegenen Führung. Die Verwendung von Schraubenfedern ist immer mit einem erheblichen Raumbedarf verbunden. Bei Blattfedern ergeben sich mehrere Möglichkeiten: Abb. 190 ist Behelfslösung, da Feder frei liegt. Durch Verdrehen und Abspringen kann die Wirkung der Feder gestört werden. — Will man die beweglichen Führungsschienen der Beeinflussung von außen entziehen, so kehrt man die Konstruktion um (Abb. 191). Beide Führungen haben den Nachteil, daß die Führungen der Leiste sehr kurz sind und weit auseinander liegen. Infolgedessen neigen sie zum Ecken. — Eine bessere Lösung stellt Abb. 192 dar. Sie er-

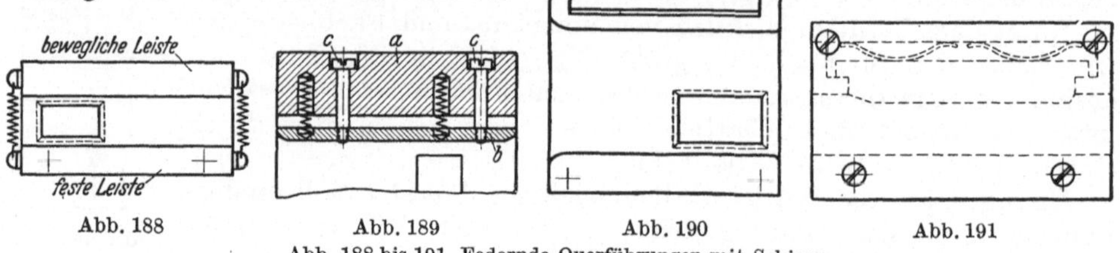

Abb. 188   Abb. 189   Abb. 190   Abb. 191

Abb. 188 bis 191. Federnde Querführungen mit Schiene

schwert die Werkzeugspeisung in keiner Weise, da die regelnde Wirkung der Führung erst von einem bestimmten Punkte an beginnt. Von außen ist die Führung in ihrer Wirksamkeit nicht zu beeinflussen. Von einer Führung dicht neben dem Stempel ist abgesehen, weil Verformungen im Abfallstreifen nicht ausge-

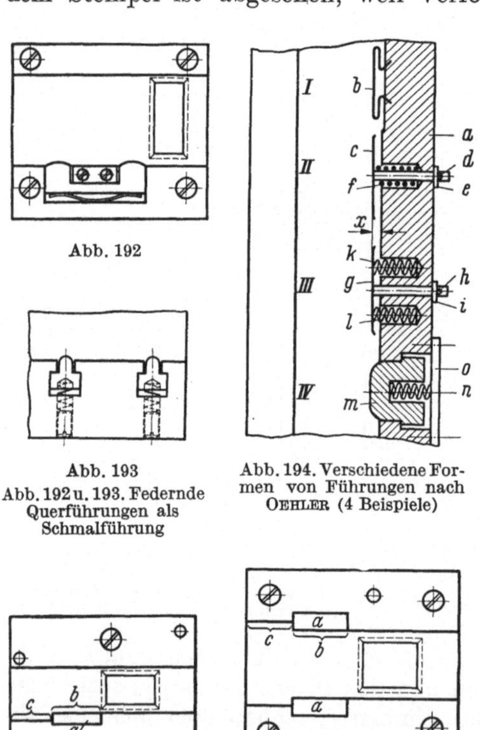

Abb. 192

Abb. 193

Abb. 192 u. 193. Federnde Querführungen als Schmalführung

Abb. 194. Verschiedene Formen von Führungen nach OEHLER (4 Beispiele)

schlossen sind und die Führung dadurch behindert werden könnte. Als Weiterentwicklung von Abb. 192 ergibt sich das Konstruktionsschema der Abb. 193, in dem die bewegliche Führungsleiste durch zwei Führungs-„punkte" ersetzt ist, die sich unabhängig voneinander einstellen, also sich selbst kurzen Breitenänderungen des zu führenden Bandes anpassen können. Ähnliche Ausführungen gibt Abb. 194 wieder.

Wo die selbsttätigen Führungen dieser Art den an die Genauigkeit des Arbeitsstückes gestellten Forderungen nicht mehr genügen können, verwendet man mit Erfolg *Seitenmesser* (Abb. 195 u. 196). Der rohe Blechstreifen gleitet mit Spiel im ersten Teile der Führung bis er vor die verengte Genauführung *b* stößt. Beim ersten Arbeitshub gibt der Seitenschneider *a* dem Blechstreifen genau die Breite dieser Führung. Beim zweiten Hub wird das erste Stück ausgeschnitten und der Streifen für das zweite seitlich beschnitten. Mit der Führung ist also gleichzeitig ein Anschlag verbunden. Zwei nicht zu vermeidende Verluste bringt diese Anordnung mit sich: der Streifen muß um den Betrag, um den der Seitenschneider vor

Abb. 195. Seitenschneider als Querführung
a Seitenschneider; *b* Genauführung; *c* Vorführung

Abb. 196. Doppelter Seitenschneider als Querführung

der vorderen Führung vorsteht, breiter sein als gewöhnlich — der Abfall wird also größer —, und der Seitenschneider bedingt erhöhten Kraftbedarf. Die höheren Kosten müssen durch die infolge der größeren Genauigkeit erzielten Vorteile aufgehoben werden. Möglich sind auch Vereinigungen von einfachen Seitenschneidern mit selbstregelnder Führung durch Federkraft. Abb. 197 stellt eine der möglichen Formen dar.

Sowohl durch federnde Führung als auch durch den einfachen Seitenschneider (Abb. 195) erhalten die Ausschnitte einen bestimmten Abstand von der einen Streifenseite. Müssen die Löcher jedoch genau in der Mitte liegen, so wählt man zwei Seitenschneider (Abb. 196). Der Verlust an Werkstoff ist dann zwar doppelt so groß, aber es ergibt sich so die genaueste Führung. — Ist eine solche Führung im Betrieb zu teuer, so verwendet man Streifenführungen, z. B. nach Abb. 198 für die Herstellung einer Blattfeder nach Abb. 199: In die Führungsplatte d eingesetzt sind die Führungsbuchsen e und f. Rechtwinklig zur Vorschubrichtung ist in die Führungsplatte eine Nute für die beweglichen Einstellbacken g und h eingearbeitet, die durch die Backen i den

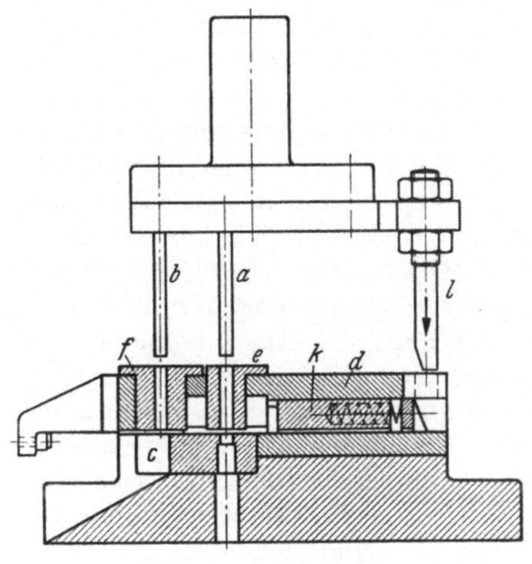

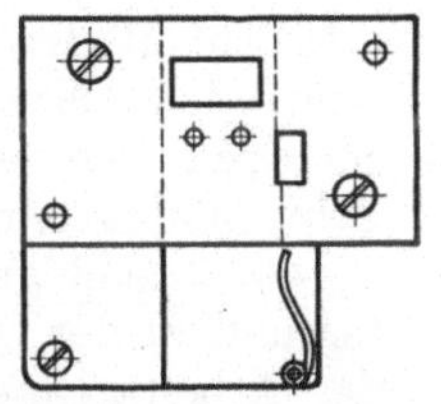

Abb. 197. Seitenschneider und federnde Vorführung

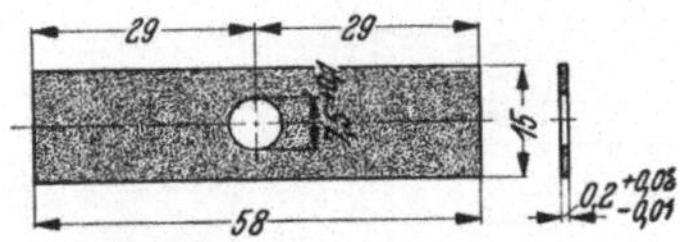

Abb. 199. Arbeitsmuster, genau in der Mitte zu lochen

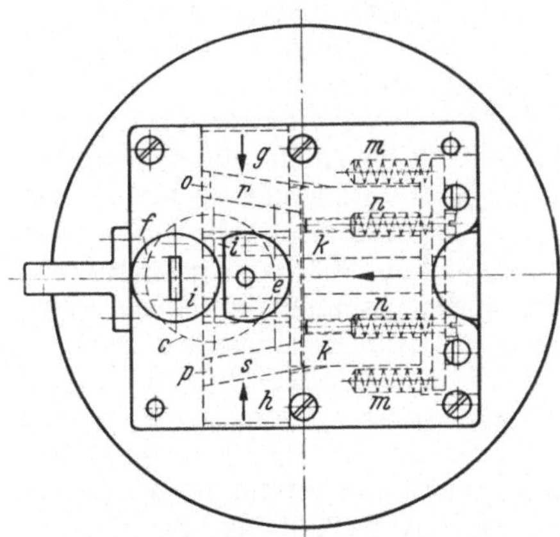

Abb. 198. Mittenausrichter für genaues Arbeiten
a Lochstempel; b Abschneidemesser; c gemeinsame Schnittplatte; d Führungsplatte; e und f Stempelführungsbuchsen für a und b; g und h bewegliche Querführungen mit angeschraubten gehärteten Führungsbahnen i; k Schlitten mit den Zentrierarmen r und s; l Kurve zur Betätigung von k; n Spannfedern; m Rückzugfedern; o und p Zentrierkurven in den beweglichen Querführungen g und h

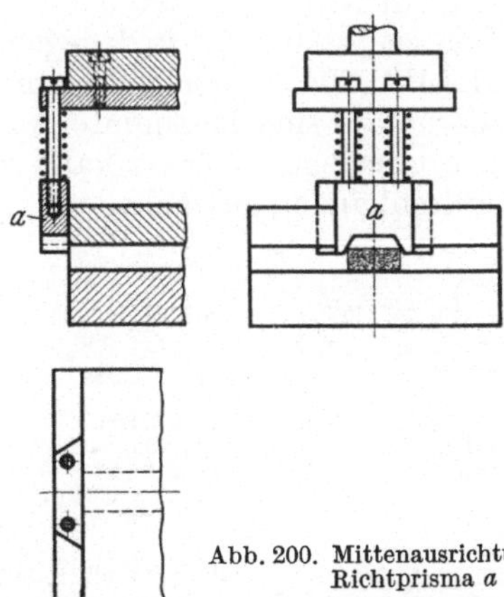

Abb. 200. Mittenausrichtung durch Richtprisma a

Blechstreifen rechts und links fassen. Durch zwei Nuten o, p in den Einstellbacken und durch zwei Leisten r, s bewegt der Schieber k die Einstellbacken gleichmäßig zur Mitte. Der Schieber k erhält seine Bewegung von den Kurvenflächen am Bolzen l. Zum Ausgleich von Unterschieden in den Bandbreiten sind zwei Querdruckfedern m angebracht, für den Rückzug die Federn n — für ganz einfache Fälle der Mittenausrichtung des Blechstreifens wählt man ein Richtprisma a (Abb. 200), das am Stempelkopf federnd aufgehängt und vorne in der Führungsplatte geführt ist.

Verträgt der Werkstoff an seinen oberen Kanten nicht derartige Ausrichtkräfte, so kann man, wenn man das Richtprisma am Streifeneintritt und -austritt anbringt, mit den Schrägen auch zwei Leisten a (Abb. 201) gegen den Werkstoffstreifen drücken. Bei der Bemessung der Schrauben und für den Hub des Werkzeuges ist zu beachten, daß je ein Teil des Hubes bzw. der Ausweichmöglichkeit der Schrauben für das Spannen, für das Schneiden selbst (Blechdicke), für das Nachschleifen des Stempels und als Sicherheit gegen das Aufsetzen bei Schwankungen in der Blechstreifenbreite gebraucht wird.

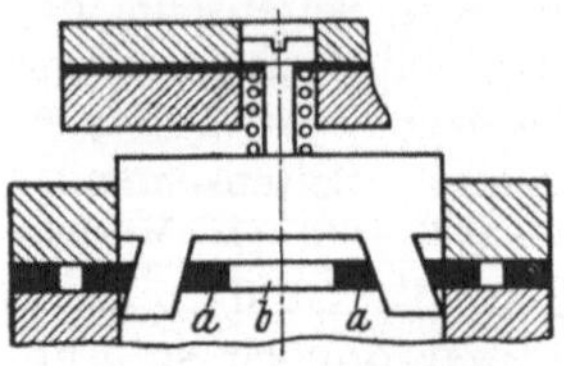

Abb. 201. Mittenausrichtung durch Schieber und Schienen
a gesteuerte Führungsplatten; b Durchgang für den Blechstreifen

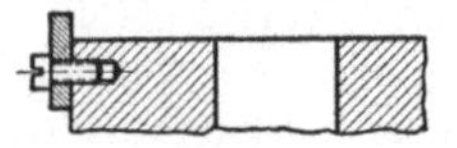

Abb. 202. Anschlag (Führung in Längsrichtung)

46. Anschläge. Während die Führungen in senkrechter und in der Querrichtung namentlich zur Erhöhung der Arbeitsgenauigkeit und der Vorschubgeschwindigkeit dienen, soll der Blechstreifen durch Anschläge, Fang- und Aufhängestifte genau eingeteilt und vollkommen ausgenutzt werden. *Anschläge* befinden sich meist außerhalb des eigentlichen Werkzeuges an der der Stoffzufuhr entgegengesetzten Seite. Sie sind also bequem anzubringen und bereiten beim Nachschleifen selten Schwierigkeiten. Sie sind jedoch nicht übersichtlich. Außerdem behindern sie die Bewegungsmöglichkeit des Streifens im Werkzeug, da der Streifen nicht über den Anschlag gleiten kann. Wie aus den Abb. 202 bis 204

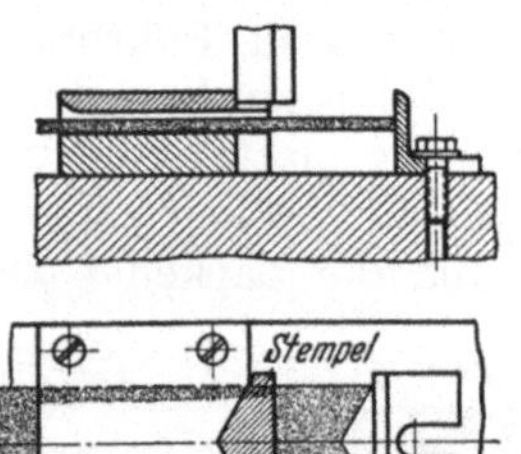

Abb. 203. Einstellbarer Anschlag

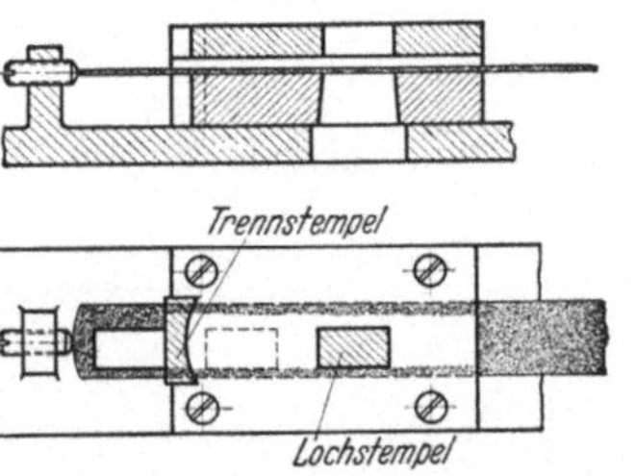

Abb. 204. Anschlag mit Feineinstellung

zu ersehen ist, gestatten sie dagegen, mit geringerer (Abb. 203) oder größerer Genauigkeit (Abb. 204, gegebenenfalls mit Gegenmutter) die Anschlaglänge einzustellen.

Wiederholten sich bestimmte Abschnittlängen, so kann man leicht schaltbare Anschläge anbringen. Dieses kann nach Art der Abb. 205 oder ähnlich wie bei Revolverdrehbänken geschehen. Bei größeren Anschlaglängen ist zu beachten, daß der Blechstreifen herabhängt. Um ihn aufzufangen und zu stützen, bildet man die Anschlagnase nach Abb. 206 aus. Ihre besondere Gestaltung ist darauf gerichtet, daß das abgeschnittene Blechstück abgleiten kann, ohne das Werkzeug zu beschädigen und die Werkzeugbeschickung zu behindern.

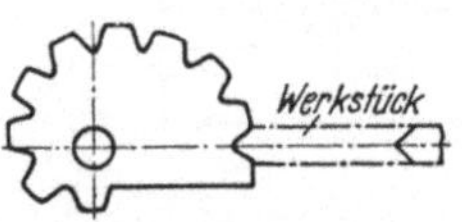

Abb. 205. Auf verschiedene Längen einstellbarer Telleranschlag

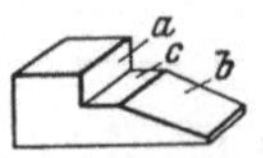

Abb. 206. Anschlagnase
a Anschlagfläche; b Auffangfläche; c Stützfläche

Mit der Abb. 204 soll gleichzeitig darauf hingewiesen sein, daß zwischen erstem Schnitt und Anschlag noch Vorschubfelder liegen können, sei es — wie im vorliegenden Falle —, um Raum für Blechführung und Abbeförderung des Abschnittes, sei es, um gute Übersicht zu gewinnen.

Anschläge sind demnach zweckmäßig für Schnitte, in denen nur abgeschnitten wird, also an der Werkzeugausgangsseite kein Gitter stehen bleibt. Muß man bei Ausschnitten aus irgendwelchen Gründen dennoch Anschläge anwenden, so benutzt man einen federnden Anschlag (Abb. 207). Durch das Herabhängen des Blech-

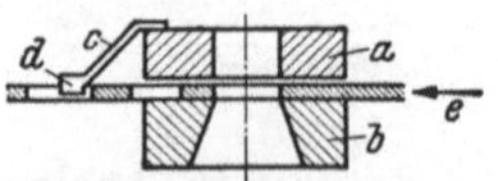

Abb. 207. Selbsttätiger federnder Anschlag
a Führungsplatte; b Schnittplatte; c Blattfeder; d Anschlag; e Vorschubrichtung

streifens im Augenblick des Abstreifens kommt er außer Eingriff und setzt sich auf das Blech auf. Beim Vorschieben des Bleches fällt er selbsttätig wieder in ein Loch ein. Ist auch dieser Weg nicht gangbar, so muß man das Gitter vor dem Anschlag bei jedem Vorschub wegschneiden (Abb. 208) oder wenigstens die störenden, d. h. die dem Anschlag im Weg stehenden Stege des Gitters beseitigen (Abb. 209, s. auch Heft 44, III. Aufl., Abb. 102).

Ähnlich, wie man den Seitenschneider als Anschlag benutzt, kann man auch ein Messer von Vorschublänge anbringen, das dem Anschlag den Weg frei macht.

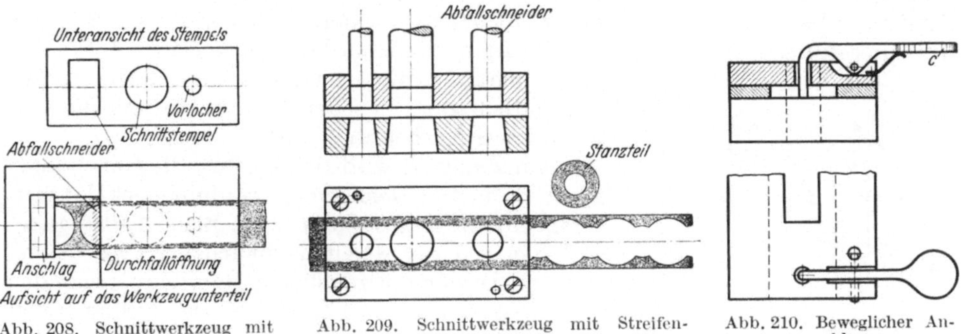

Abb. 208. Schnittwerkzeug mit Abfallschneider

Abb. 209. Schnittwerkzeug mit Streifentrenner

Abb. 210. Beweglicher Anschlag

Das ist nötig, weil man selten das Gitter über den Anschlag heben kann, ohne dessen Wirksamkeit zu beeinträchtigen. Bei Stiften (s. Abschn. 47) ist dies dagegen meist leicht möglich.

Sind Abfallschneider nicht anwendbar, so wählt man *bewegliche Anschläge*. Ein Druck auf das freie Ende des Hebels c (Abb. 210) hebt den Anschlag und ermöglicht, den Blechstreifen durchzuschieben. Beim Loslassen des Hebels fällt dieser von selbst wieder auf das Blech bzw. in das zuvor geschnittene Loch ein und begrenzt den Vorschub, sobald die hintere Lochkante gegen den Anschlag stößt. Die Bohrung in der Führungsplatte muß natürlich Spiel genug für den Anschlag lassen, da dieser einen Kreisbogen beschreibt.

47. Fang- und Aufhängestifte. Anschläge sind in ihrer Form größeren, nicht einfachen Schnittformen nur schwer anzupassen. Man wählt daher in solchen Fällen *Fangstifte* (Abb. 211). Zweckmäßig ist es, sie in der Grundplatte zu befestigen, durch Vernieten oder besser durch Preßsitz, weil sie alsdann zum Schleifen der Schnittplatte leichter entfernt werden können, und weil sie ausreichend weit von der stark belasteten Schnittkante wegstehen. Wenn nötig, macht man sie deshalb hakenförmig (Abb. 212). Die Hakenspitze soll möglichst nicht unter 3 mm sein, da sonst das Anschlagen zu schwierig wird. Der Haken muß satt und an der Anschlagstelle scharfwinklig an der Schnittplatte anliegen, damit im Laufe der Zeit der Blechstreifen nicht unter den Haken gezogen wird. Bei Schnitten mit Stempelführungsplatte ist es immer empfehlenswert, die Führungsplatte beim Fangstift frei zu arbeiten, um das Gefühl beim Anschlagen durch das Auge zu unterstützen.

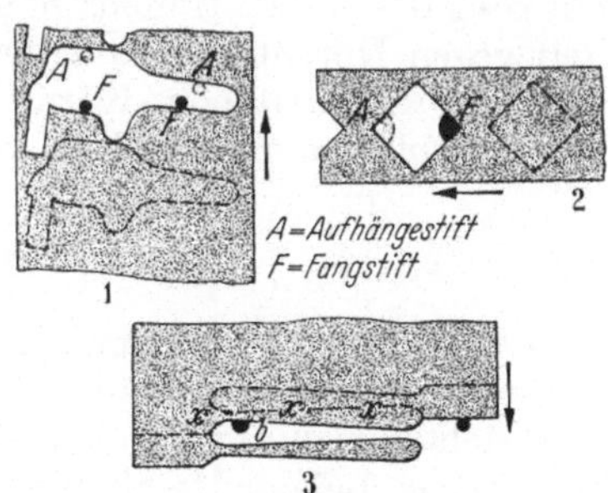

Abb. 211. Aufhängestifte und Fangstifte

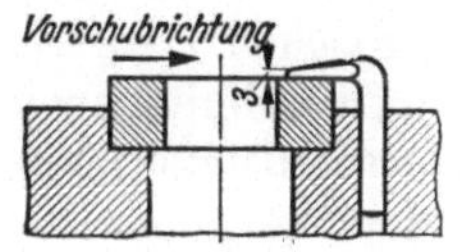

Abb. 212. Hakenanschlag

Ist es infolge der Schnittform zu schwierig und nicht sicher genug, *einen* Fangstift allein als Anschlag zu benutzen, so kann man zwei Stifte vorsehen. Mehr darf man an einer Streifenbreite jedoch nicht anbringen, da nur bei zwei Stiften die Gewähr gegeben ist, daß sich der Streifen richtig anlegt. In Abb. 211, 3 ist der Fangstift *b* als Anschlag von geringerer Bedeutung; seine Hauptaufgabe ist es, beim Schneiden nach der gestrichelten Linie x—x dem Blech genügend Steifigkeit gegen Ausbiegen zu geben. Aber auch der umgekehrte Fall kann eintreten, namentlich bei der Verarbeitung dickerer Bleche: der Fangstift vermag den Fließbewegungen des Bleches nicht standzuhalten und wird abgeschert. Wenn ein zweiter Fangstift diese Erscheinung nicht zu beheben vermag, ordnet man den Stift als Aufhängestift an. In Abb. 211, 1 u. 2 sind beide Arten Stifte eingezeichnet, um den bestimmenden Unterschied klar zu zeigen. Selbstverständlich kann in jedem Fall immer nur die eine oder andere Art benutzt werden.

Beim *Fangstift* wird der Blechstreifen erst angehoben, dann vorgeschoben. Dabei fängt sich der Stift in dem zuletzt hergestellten Loch. Beim *Aufhängestift* wird dagegen der Streifen zunächst vorgeschoben, über den Aufhängestift gehoben und dann gegen den Stift als Anschlag zurückgezogen. Der Aufhängestift schlägt also nicht gegen den noch nicht gelochten Teil des Blechstreifens, sondern gegen den stehengebliebenen Steg. Er kann jetzt zwar nicht mehr abgeschert werden, denn beim Ausschneiden hat der Werkstoff die Neigung, sich zwar gegen den Fangstift zu schieben, aber sich vom Aufhängestift zu entfernen; aber es liegt die Gefahr nahe, daß beim Aufhängen selbst der dünne Steg sich verbiegt, der Vorschub des Streifens also zu klein wird. Bei der Anordnung von Aufhängestiften ist also immer darauf zu achten, daß an den Anschlagstellen der Steg des Abfallstreifens so stark bzw. so gelagert ist, daß er genügend Steifigkeit gegen Durchbiegen und Durchfedern besitzt.

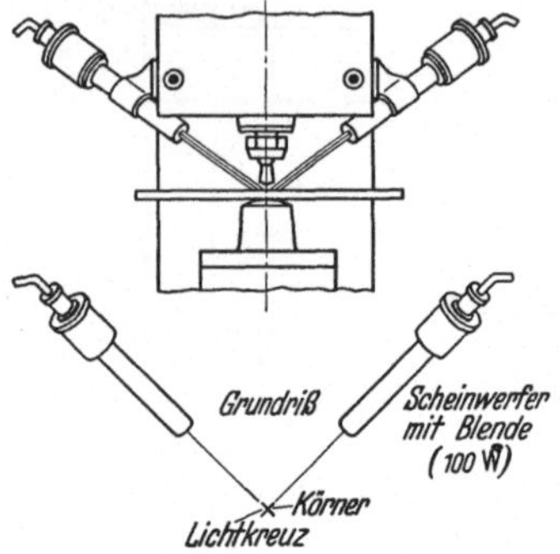

Abb. 213. Ersatz von Anschlägen durch ein Lichtkreuz zur Einstellung nach Körnerschlag oder Anriß

Wo nach Anriß oder Körnerschlag gearbeitet werden muß, ist die Verwendung von Anschlägen unmöglich. Man sucht sie durch Lichtkreuze zu ersetzen (Abb. 213).

B. Werkteilführungen

48. Lochsucher als Führung finden bei Folgeschnitten Verwendung und arbeiten meistens mit einer der oben beschriebenen Führungen für die Senkrecht- und Querrichtung zusammen, sozusagen als Ersatz für einen Anschlag oder zu seiner Ergänzung. Bei der Herstellung von Unterlagscheiben zeigt sich am einfachsten die Wirkungsweise. Ein Blechstreifen wird ins Werkzeug geschoben. Der erste Stempel stellt das innere Loch her. Wird dann das Blech ungefähr um die Mittenentfernung zwischen zwei Unterlagscheiben weiter bewegt, so dringt, bevor der äußere Rand ausgeschnitten wird, ein im Stempel befindlicher Stift mit Abrundung in das zuerst geschnittene Loch und bringt den Blechstreifen so unter den Stempel, daß die Ausschnitte genau zentrisch werden. Eine Abrundung oder kegelige Zuspitzung soll es dem Lochsucher ermöglichen, selbst bei ungenauer Zuführung in das Loch zu dringen und die richtige Schnittlage zu erzwingen. Der Lochsucher muß in seinem oberen Teil zylindrisch sein und die Abmessungen des inneren Loches haben unter Berücksichtigung des zur Passung gehörenden Spiels.

Aus Abrundung an der Spitze, Kegel und zylindrischem Rand ergibt sich der

Zentrierweg, d. h. die Größe, um welche der Lochsucher das zugeführte Werkstück zurechtrücken kann. Werte hierfür sind im AWF-Blatt 5970 vorgeschlagen; Abb. 214 ist diesem Blatt entnommen. Die Größe b ist gleichzeitig ein Maß für den Hubverlust bei der Anwendung von Lochsuchern.

Abb. 215 zeigt mehrere Ausführungsformen. Ausführung *1* ist bei kleinen Stempeln allgemein üblich. Lochsucher und Stempel bestehen aus einem Stück. Wichtig und schwierig herzustellen ist eine weiche Spitze, damit der Lochsucher bei den Stößen, denen er im Betrieb ausgesetzt ist, nicht abspringt. Aus diesem Grunde stellt man Stempel und Lochsucher, wo eben angängig, aus zwei Teilen her (Ausführung *2* u. *3*) und befestigt den Lochsucher durch kegeligen oder zylindrischen Preßsitz im Stempel. Ausführung *3* ist insofern bemerkenswert, als der Stempel in seinem unteren Ende hohl ist, der Lochsucher also im oberen Teil des Stempels befestigt werden muß. Das ist auch nötig, wenn der Stempel unten aus mehreren Teilen zusammengesetzt ist. Die Folgeerscheinungen des Härtens, Spannungen und Volumenänderungen, gaben den Anstoß zur Ausführungsform *4*: ein Stück weiches Eisen ist in die für den Lochsucher bestimmte Bohrung geschlagen. Der Stempel wird dabei nicht so hoch beansprucht, als wenn der genau bearbeitete Lochsucher in das durch Volumenänderungen verzerrte Loch geschlagen würde, dessen Randfestigkeit noch durch Spannungen geschwächt ist.

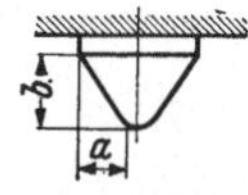

Abb. 214. Lochsucher
a Zentrierweg; b Zentrierhub

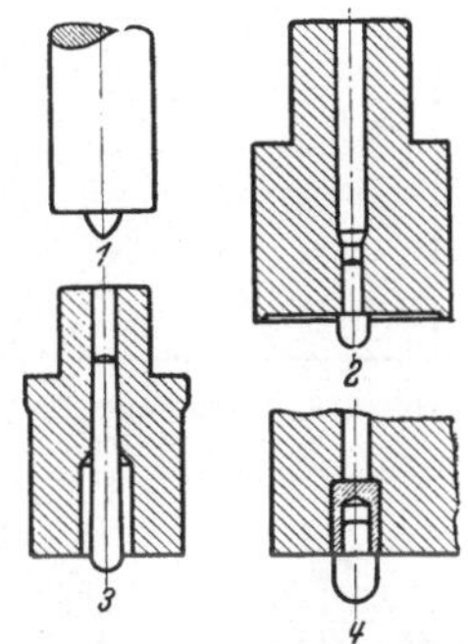

Abb. 215. Lochsucher in vier verschiedenen Anordnungen

Außerdem kann die nunmehr herzustellende Bohrung für den Lochsucher in dem weichen Eisen neu angerissen werden. Unter 3 mm Blechdicke sollte man Lochsucher nicht anwenden. Bei dünnen Blechen ist der Widerstand des Stanzteiles gegen Bewegung größer als die Festigkeit des Lochrandes. Infolgedessen würde der Lochsucher das Werkstück nicht ausrichten, sondern verbiegen.

49. Führungen für runde Teile. In weit höherem Maße gilt das oben vom Zweck der Führung Gesagte für die Bearbeitung ausgeschnittener Blechstücke (Zuschnitte) usw. Zweckentsprechend befinden sich die Führungseinrichtungen (Einlagen) fast immer am festen Werkzeugunterteil. Bei innen vorgearbeiteten Zuschnitten sind Anordnungen wie Abb. 216 zu empfehlen, bei außen vorgearbeiteten Zuschnitten Anordnungen nach Abb. 217. Um keine zusätzlichen Spannungen in der Nähe der Schnittkante hervorzurufen, wurde bei Abb. 216 kein Preßsitz, sondern die dargestellte Befestigungsweise gewählt.

Man unterscheidet geschlossene, halboffene und offene Einlagen. *Geschlossene* Einlagen sind in reiner Form nur bei Schnitten ohne Plattenführung

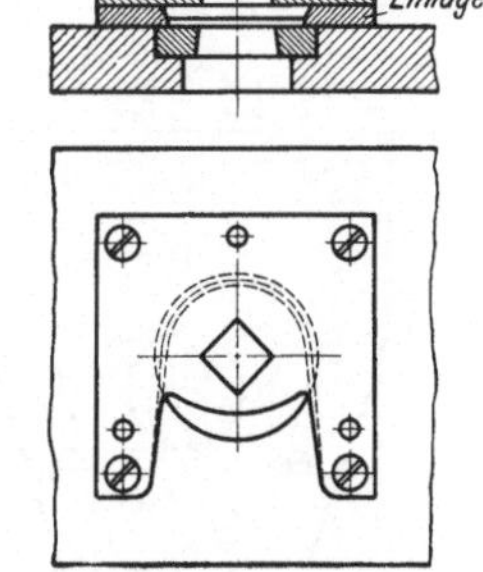

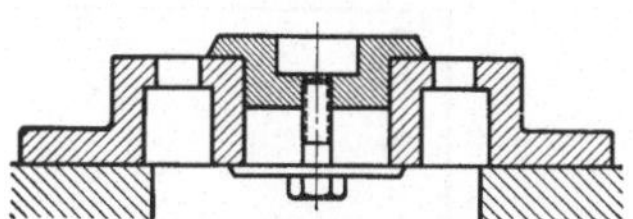

Abb. 216. Einlage für einen innen vorgearbeiteten Zuschnitt

Abb. 217. Schnitt mit offener Einlage

anwendbar: das Werkstück ist schwer zuzuführen, und es ist zu befürchten, daß gratige oder rauhe Zuschnitte auf der Schnittplatte nicht satt aufliegen, so daß sie beim Niedergang des Stempels verbogen werden. Noch umständlicher als das Einbringen ist das Entfernen der Zuschnitte aus der geschlossenen Führung. Mildern kann man diese Schwierigkeiten dadurch, daß man den oberen Teil der Einlage schräg ausführt und nur so viel vom geraden, den Zuschnitt umfassenden

Teil, stehen läßt, wie etwa der halben Blechdicke des Zuschnitts entspricht (Abb. 217). Man vermeidet gleichzeitig, daß der Zuschnitt, wenn er mit dem Stempel aufwärts geht, sich infolge der Reibung an der Einlage verbiegen könnte. — Bei der *halboffenen* Einlage ist der obere kegelige Teil der Einlage nur halbseitig, so daß diese Form auch bei Plattenführungsschnitten anwendbar ist (Abb. 218). Die Zuschnitte werden von der offenen Seite her zugeführt, zu welchem Zweck die etwa vorhandene Führungsplatte ausgespart wird. Bei hohen Genauigkeitsansprüchen und harten Werkstoffen empfiehlt es sich, die Einlagen zu härten. — Bei *offenen* Einlagen behält der Zuschnitt Bewegungsmöglichkeit in einer Richtung, die durch Stifte, Anschläge, Federn usw. oder von Hand aufgehoben werden muß.

50. Führungen für nicht runde Teile. Haben die Zuschnitte verwickelte Formen, so werden Einlagen teuer. Unter Umständen kommt man daher billiger zum Ziel, wenn man die Einlage nur aus einzelnen Stücken der Gesamtform bestehen läßt (Abb. 219). Manchmal genügen schon drei Stifte.

Die geschlossene und halboffene Form der Einlage vereinigt mit dem Vorteil höchster Genauigkeit den Nachteil der größeren Schwierigkeit in der Bedienung. Man findet sie daher fast immer in Verbindung mit Auswerfern (Abb. 218).

Das Einlegen großer Teile gestaltet sich schwierig, wenn das Werkzeug im Verhältnis zum Stanzteil klein ist. Offene Einlagen ergänzt man in solchen Fällen zweckmäßig durch Stifte. Diese Stifte sitzen meist in Aufliegeblechen *a*, die mit dem Schnittkasten verschraubt und verstiftet sind (Abb. 220). Die Auflegebleche versieht man mit einem Loch, um das Stanzteil leicht aus der Einlage entfernen zu können. Bei Z-förmig vorgebogenen Stanzteilen befestigt man dieses Auflageblech um das Maß der Durchkröpfung tiefer am Schnittkasten. Um winkelförmig gebogene Stücke zu bearbeiten, genügt meist die offene Einlage, wenn man den Schnittkasten so ausbildet, daß der ausgebogene Teil mit der inneren Fläche am Schnittkasten anliegt. Eine zweckmäßige Einlage für niedrige U-Profile zeigt Abb. 221. Bei größeren U-Profilen genügt die einfache offene Einlage. Man muß dann den Schnitt so bauen, daß der zweite Schenkel entweder unter dem Tisch

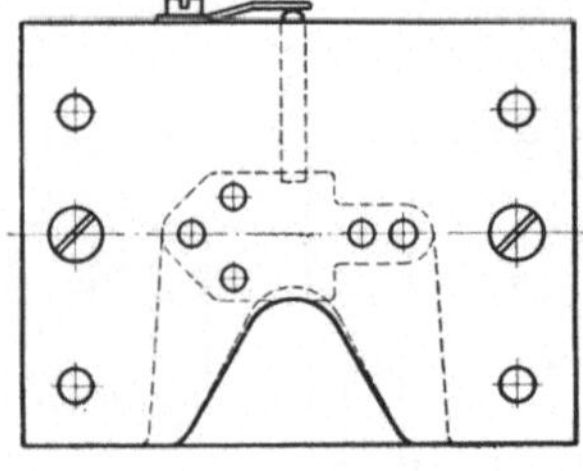

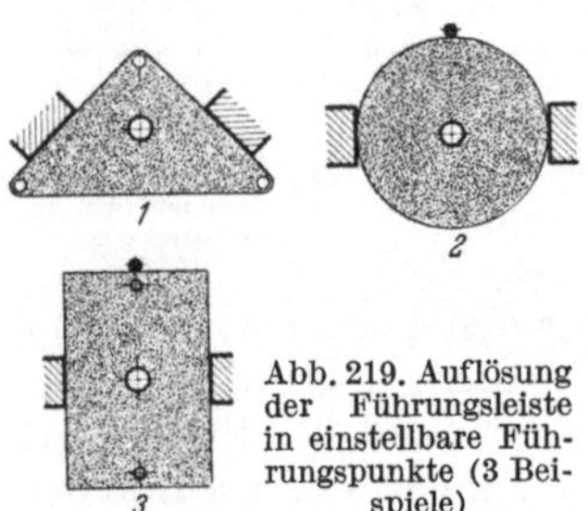

Abb. 218. Halboffene Einlage mit Auswerfer

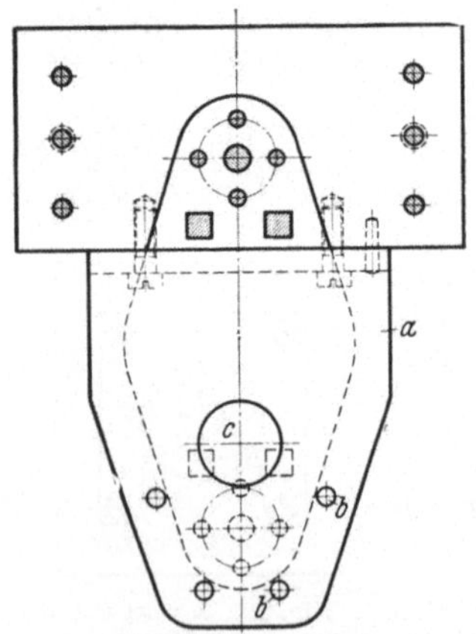

Abb. 219. Auflösung der Führungsleiste in einstellbare Führungspunkte (3 Beispiele)

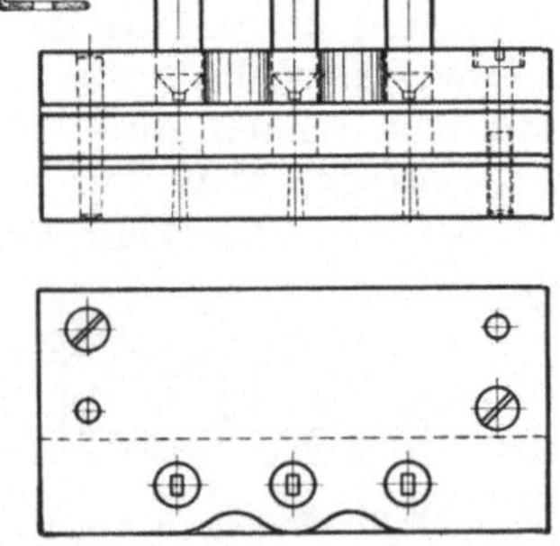

Abb. 220. Offene Einlage mit Führungsstiften an einem Auflegeblech
a Auflegeblech; *b* Anlegestifte; *c* Loch in der Auflage zum Ausstoßen des Werkstückes

Abb. 221. Einlage für niedrige U-Profile

der Presse Platz hat, oder daß er über die Stempelbefestigung emporragt. Das Abgraten und Lochen von Hohlpressungen verlangt entsprechend der Pressung ausgearbeitete Schnittplatten und Stempelführungen bzw. Niederhalter. Schnittplatte und Niederhalter übernehmen in diesem Falle die Aufgaben einer Führung. Bei großen Stücken, wie in Abb. 222, wird sogar die Grundplatte zu dieser Aufgabe mit herangezogen. Häufig sind Hohlkörper, wie Kapseln, Dosen u. dgl., zu lochen. Zum Lochen der Böden dient ein einfacher Bolzen vom Innendurchmesser der Kapsel als Einlage, über die man die Kapsel schiebt. Bei höheren Formen ist nur der obere Rand als Führung ausgebildet; den unteren Teil des Bolzens setzt man ab (Abb. 223), um die Zubringung durch Herabsetzung der Reibung zu er-

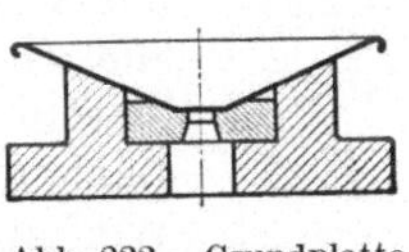

Abb. 222. Grundplatte als „Einlage"

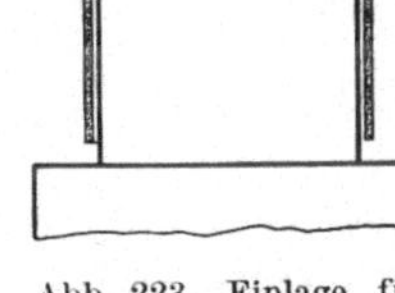

Abb. 223. Einlage für Kapseln

leichtern. Geht auch dieses noch zu schwierig, so ersetzt man den oberen breiteren Führungsrand durch ein Gummipolster, das durch Querausdehnung unter dem Preßdruck sich spreizt und dadurch eine Zentrierung herbeiführt. Voraussetzung ist allerdings, daß der untere Rand des Werkstückes bereits beschnitten ist, so daß das Stück sich achsengerecht aufsetzen kann.

51. Festhaltungen muß man benutzen, wenn Einlagen wegen der besonderen Form und Werkstoffart nicht zu verwenden sind. Ist der Werkstoff so weich, daß er sich in der Einlage verbiegen würde, so spannt man ihn ein, wie in Abb. 224 bei einem Schnitt zur einseitigen Bearbeitung eines schmalen Blanketts. In Längs- und Querrichtung sichert eine Führung a die richtige Lage zum Werkzeug. Sie ist nicht ganz so hoch wie das Blech, so daß beim Einhaken des Hebels das Blankett fest gegen seine Unterlage gepreßt und so einem Verbiegen vorgebeugt wird. Ist ein Winkeleisen in einem bestimmten Abstand vom Scheitelpunkt zu lochen, so muß man das Werkstück festhalten, wie dieses in

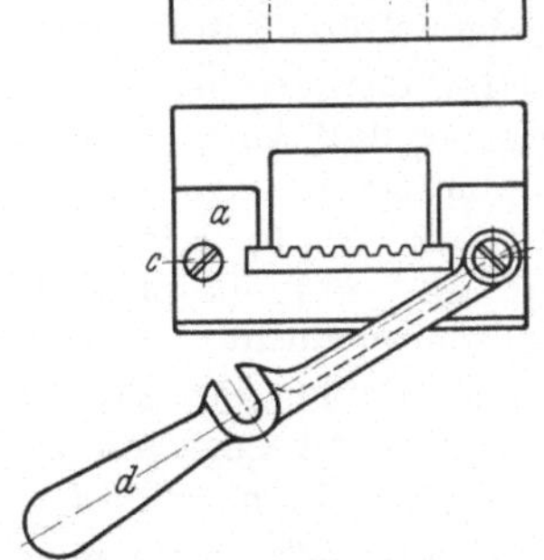

Abb. 224. Einspannvorrichtung für einseitig zu bearbeitende Werkstücke
a Querführung; b Drehpunkt; c Anschlagstift; d Spannhebel mit Handgriff

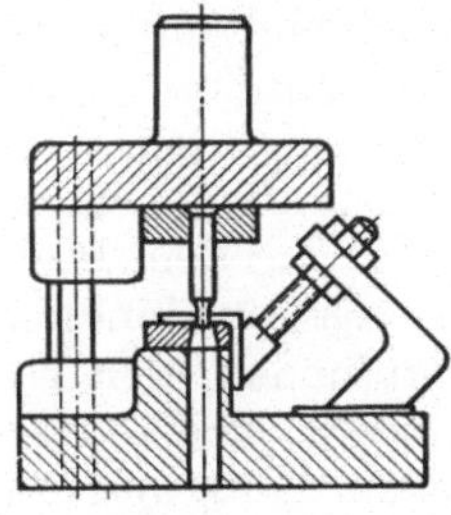

Abb. 225. Einspannen eines Winkeleisens

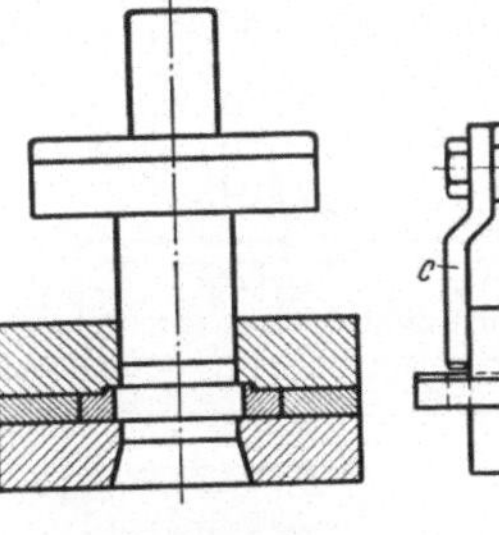

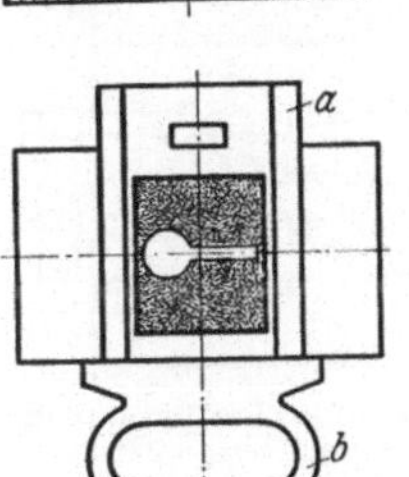

Abb. 226. Schieber als geschlossene Einlage
a Schieber; b Handgriff; c Blockierung beim Schnitt

Abb. 225 in einfacher Weise durch eine Schraube erfolgt. Statt einer Schraube kann man auch Spannhebel und Spannexzenter benutzen.

52. Gesteuerte Einlagen und Festhaltungen
benutzt man, wenn es in anderer Weise zu umständlich ist, die Stellung des Werkstückes zum Werkzeug zu sichern. Zur Erleichterung des Einlegens findet man auch wohl Schieberzuführungen. In Abb. 226 wird der Schieber während des

Schneidens von der Maschine festgehalten, was einem einfachen Anschlagstift vorzuziehen ist. Solche Führungen genügen natürlich nur bei hartem Werkstoff. Weicher würde sich verbiegen.

In Abb. 225 kann man die Steuerung dadurch erreichen, daß man den Winkel mit der Schraube im Unterteil verschiebbar anordnet und durch eine Kurve vom

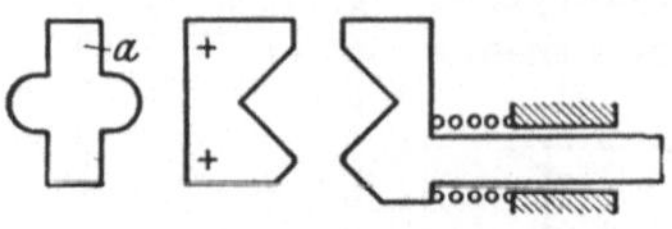

Abb. 227. Federnd spannende Einlage für Werkstück *a*

Werkzeugoberteil unter Zwischenschaltung einer Feder gegen das Werkstück preßt. Ähnlich kann man bei Verwendung von Spannexzentern und Stößeln eine Hebelverbindung einschalten. Eine selbsttätige, bewegliche Einlage ist in Abb. 227 skizziert. Zwei Backen liegen unter Federdruck, gegen den sich ein Werkstück *a* einführen läßt. Steuert man eine dieser Backen starr vom Werkzeugoberteil aus, so hat man schon die einfache Form einer Zuführung.

53. Zuführungen. Die bisher besprochenen beweglichen Führungen haben den Nachteil, daß sie keinen ununterbrochenen Betrieb gestatten. Sie müssen jedesmal nach dem Schnitt zurückgezogen, geleert, wieder gespeist und unter das Werkzeug geschoben werden, ohne daß die Maschine während dieser Griffzeiten arbeiten könnte. Wo diese verlorenen Zeiten Einfluß auf die Herstellungskosten ausüben, ordnet man daher eine *Zuführung* nach *Revolverart* an (Abb. 228). Sie ist für kleine Klammern entworfen, die aus einem kurzen, schmalen Blechstreifen durch zweimaliges rechtwinkliges Umbiegen entstehen und in ihrem mittleren Stück zu lochen sind. Wegen des

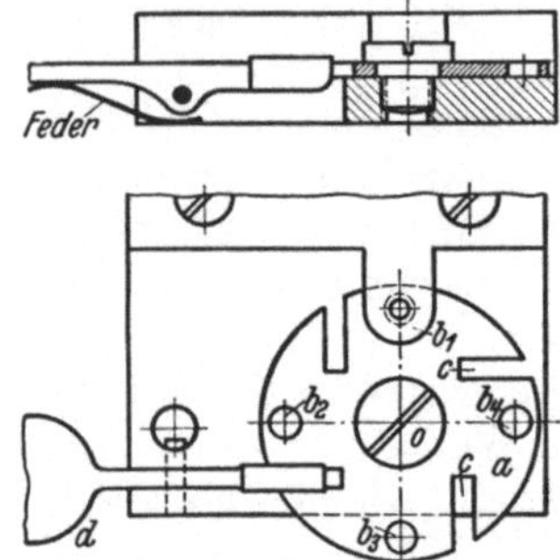

Abb. 228. Zuführung nach Revolverart
o Drehzapfen des Revolvertellers *a*;
b_2 bis b_4 Ladebohrungen; b_1 Arbeitsstelle; *c* Teilschlitze; *d* Anschlaghebel

geringen Stückgewichtes ist es möglich, die Teile durch Reibung in Bohrungen (b_1 bis b_4) des Tellers zu führen. Dieser Teller wird nach jedem Stößelhub um 90° von Hand gedreht und in Schlitzen durch einen Teilungshebel festgestellt. Damit die Einstellung genau ist, ist der Hebel nach unten verjüngt, so daß Abnutzungen

ohne Einfluß auf die Genauigkeit der Einstellung sind. Bei b_2 werden die bei b_1 gelochten Stücke durch einen Stift am Stempelkopf nach unten aus dem Revolverteller entfernt.

Als umständlich wird häufig der Zwang empfunden, den Hebel von Hand bewegen zu müssen, weil es infolgedessen nicht möglich ist, jeden Hub auszunutzen. Abb. 229 zeigt eine *selbsttätige* Zuführung für schmale Streifen. Ein Kurvenstück *a* drückt beim Abwärtsgang einen Schlitten *b* entgegen der Kraft der Feder *g* nach links, wobei eine Zahnstange *f* mitgenommen wird. Beim Rückgang von *b* fällt die an *b* angelenkte Klinke *e* ein bis drei Zähne weiter nach rechts in die Zahnstange ein. Bei der tiefsten Stellung von *a* schneidet der Stempel jedesmal. Am Anfang und am Ende besitzt *f* je einen seitlichen Vorsprung *h*, an dem der Blechstreifen

Abb. 229. Selbsttätige Zuführung für Streifen
a Kurve am Stößel; *b* Schlitten; *c* Führung für *b*; *d* Feder für Klinke *e*; *f* Schaltzahnstange; *g* Rückschubfeder; *h* Werkstückstreifen; *k* Handgriff; *S* Schnittplatte

durch Schnellverschluß befestigt ist. Ist der ganze Blechstreifen durchgelaufen, so wird die Zugstange *f* leicht durch Handgriff *k* zurückbewegt und dann der neue

Arbeitsgang vorbereitet. Solche Vorrichtungen lassen sich sinngemäß auch als Teilapparate verwenden.

54. Teilvorrichtungen. Sind die Mäntel von Kapseln oder Rohren zu lochen, so spannt man das Stanzteil durch eine Zange von außen oder einen Spreizring von innen fest (Abb. 230). Ein Ring a dient der Hülse als äußere Anlage und verhindert ein Aufweiten. Der Spreizring b wird durch den Kegel c auseinandergedrückt, wobei er die Hülse

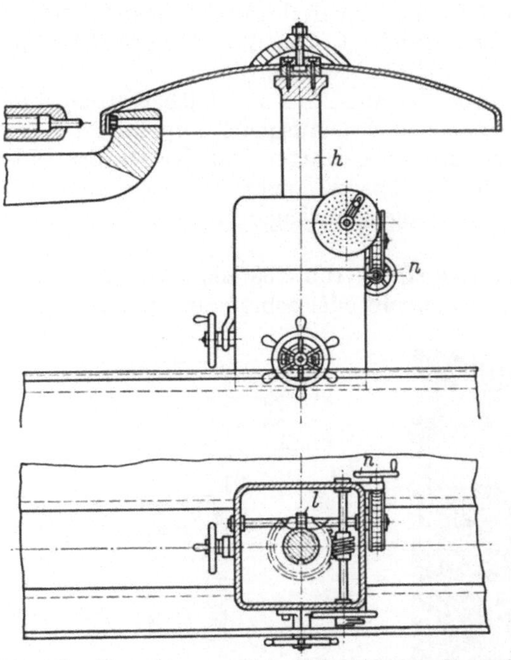

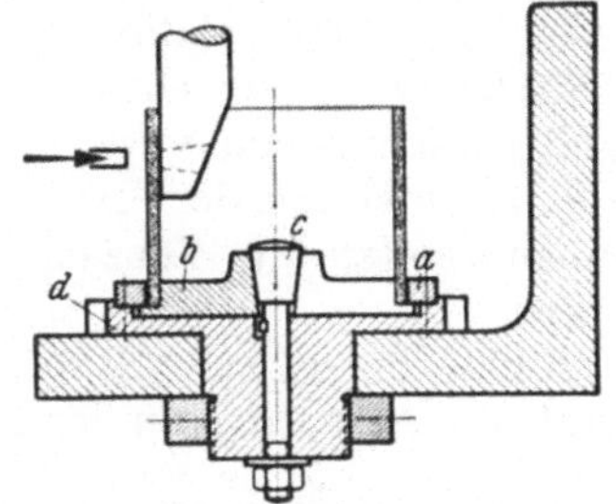

Abb. 230. Teilvorrichtung zum Lochen von Ringen
a Auflegering; b Spreizring; c Spannkegel; d Teilscheibe

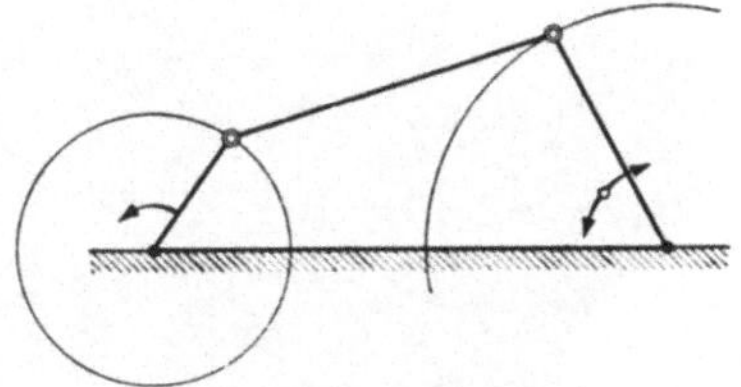

Abb. 231. Allgemein anwendbare Teilvorrichtung für große Scheiben, Hauben usw.

Abb. 232. Gelenkviereck

gegen den Ring klemmt. Um in die Hülse am Umfang Löcher einzustanzen, hat die Teilscheibe d entsprechend verteilte Einfräsungen, in die ein Schnappstift einfällt.

Bei selbsttätigem Teilen kommt hierzu noch der Schaltzahn. Eine andere Art von Teilvorrichtungen zeigt Abb. 231, deren Selbstbetätigung zu Formen wie bei Zickzackpressen führt.

55. Getriebeelemente. Bewegliche Teile kommen im Stanzwerkzeugbau immer wieder vor. Ihre Bewegung kann durch Kurven und Hebel von der Drehbewegung der Exzenterwelle oder des Vorgeleges oder von der auf- und abgehenden des Stößels abgeleitet werden. Wegen der Umständlichkeit der Berechnung hat man bisher die Verwendung von Gelenkvierecken (Abb. 232) gescheut. Es sei daher auf die von H. ALT entwickelte Kurventafel hingewiesen (Z. VDI 1941, S. 69), die die Bemessung von Gelenkvierecken sehr erleichtert.

IX. Stapel- und Ladevorrichtungen

Je straffer die Beschränkung, je ausgesprochener die Massenfertigung, desto größeren Einfluß gewinnen neben der Wahl der geeigneten Führung für das Werkstück die Vorrichtungen für die Stapelung und für das Heranbringen der Werkstücke an die Werkzeugführung. Beim Entwurf sind für die Stapelung möglichst einfache, sicher arbeitende Vorrichtungen anzustreben, die den Werkstoff so stapeln, wie es für den folgenden Arbeitsgang bzw. für die Zubringung der Werkstücke zu diesem am zweckmäßigsten ist. Die Stapelvorrichtung einer Maschine muß also auf die Ladevorrichtung der im Arbeitsgang folgenden Maschine abgestimmt sein.

A. Stapelvorrichtungen

56. Für Tafeln, Bänder, Streifen. Die Mannigfaltigkeit der vorkommenden Stanzformen hat ein Vielerlei an Vorrichtungen gezeitigt. Die Stapelung *tafelförmigen Werkstoffes* ist in Heft 44, III. Aufl., Abb. 106 bis 108 schon besprochen.

Für bandförmigen Werkstoff ist der von der Maschine angetriebene Haspel die einfachste Stapelvorrichtung. Der Antrieb soll mit Ausgleichskupplung für Bewegungsunterschiede sowie mit einer Bremse ausgestattet und der Haspel selbst der Arbeitsstellung der Maschine und der Werkzeuge anzupassen sein. Beim Zusammenarbeiten mit Zickzackpressen muß er sogar in waagerechter Ebene arbeiten können.

Rinnen dienen zum Stapeln von *Blechstreifen*. Abb. 233 zeigt drei Lösungen: Anstatt die Aufnahme an der Maschine waagerecht oder schräg zu befestigen, kann

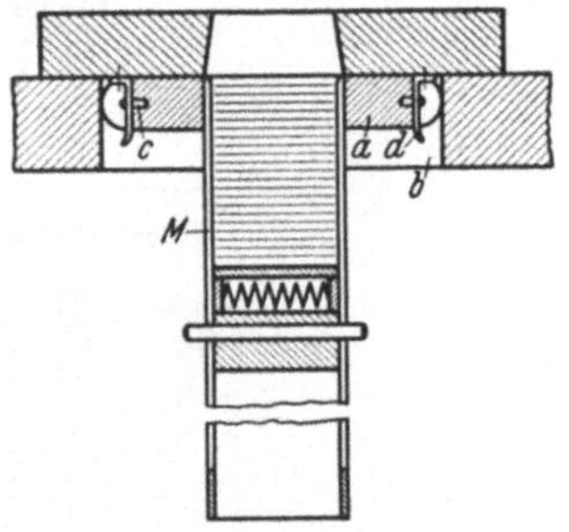

Abb. 234. Magazin für runde Ausschnitte *M* Rohr; *a* Spannflansch des Rohres; *b* Bohrung in der Grundplatte; *c* Einschnappstifte; *d* Haltefedern

Abb. 233. Stapelvorrichtung für Blechstreifen in 3 verschiedenen Anordnungen (L. Schuler)

man sie auch auf Räder stellen oder sonstwie fahrbar machen.

57. Für Zuschnitte. Ein Behelf ist eine unter die Presse geschobene Kiste. Sind diese Kisten genormt und auf die Maschine und Betriebsfördermittel abgestimmt, so kann selbst auf diese einfache Weise die Arbeit erleichtert und verbilligt werden.

Das Zuführen aus der Kiste verlangt zuvor ein Ordnen. Diese Arbeit kann man sich sparen, wenn man die Teile gleich in entsprechender Lage auffängt. Für runde Ausschnitte zeigt dieses Abb. 234. Die aus dem Werkzeug fallenden Teile legen sich vor ein Gleitstück, das im Stapelrohr haftet und schieben es vor sich her, damit die Ausschnitte glatt aufeinanderliegen. Der Füllungsgrad muß scharf überwacht werden. Das Rohr wird abgezogen, durch ein neues ersetzt, während das gefüllte auf eine Ladevorrichtung geschoben werden kann (s. Heft 44, Abb. 110).

Abb. 235 zeigt eine Vorrichtung zum gleichzeitigen Auffangen von zwei verschiedenen Teilen. Die Auffangschieber können auch auf Rollen laufen oder zu je zweien auf Schwenktischen angeordnet sein. Nicht immer reicht die Schwerkraft zur Stapelung aus. Dann wird entweder die Stößelkraft der Maschine benutzt, wie schematisch in Abb. 236 dargestellt oder es wird eine Fördereinrichtung, etwa eine

Förderschnecke (Schraubenfeder), unmittelbar mechanisch angetrieben (Abb. 237).
Für Konservendosen wird die Anrollvorrichtung, die ebenfalls mechanisch angetrieben wird, zum Stapeln benutzt (Abb. 238). Das geordnete
Stapeln von flachen Ausschnitten ist also verhältnismäßig einfach. Auf sperrige Teile sind diese Verfahren nur selten anzu-

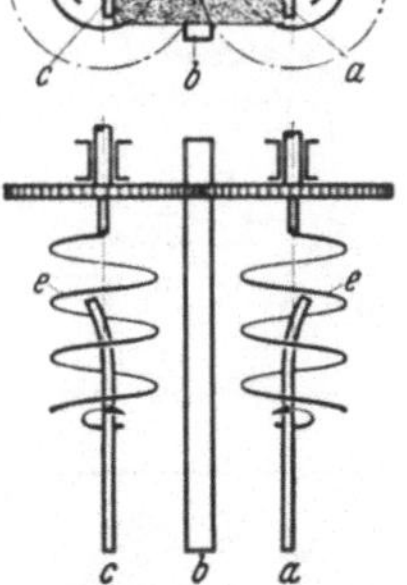

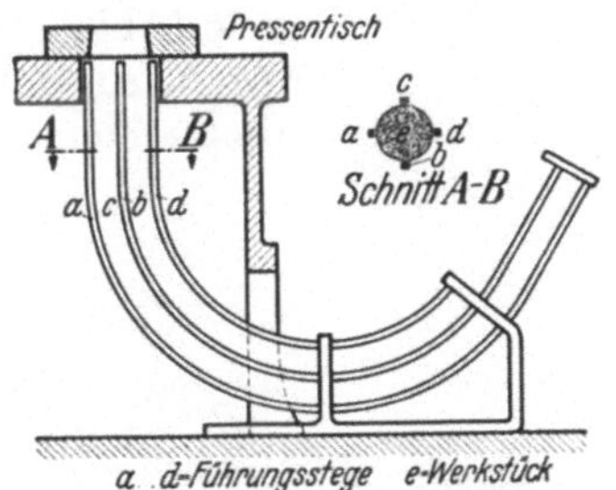

Abb. 236. Stapelung von Scheiben durch
Schwerkraft und Stößeldruck in einer
Rinne

Abb. 235. Stapelvorrichtungen zum
Auffangen von gelochten Teilen
(Masch.-Fabr. Weingarten)

Abb. 237.   Schraubenfedern
zum Füllen von Stapelvor-
richtungen
a rechter Führungssteg; c lin-
ker Führungssteg; b unterer
Führungssteg; d Werkstück;
e Vorschubfedern

wenden, weil der Raum-
bedarf für die Stapelung
in einer Achsenrichtung
zu groß wird. Für diese
Fälle bleibt es bei dem
Sammeln der Werkstücke
in Kisten und ähnlichen
Behältern. Das Ordnen
überläßt man dann den
Ladevorrichtungen.

Abb. 238. Anrollvorrichtung für Konservendosendeckel mit Stapelvorrichtung gekoppelt (L. Schuler)

B. Ladevorrichtungen

58. Für Tafeln, Bänder, Streifen. Ganze *Tafeln* werden meistens von Hand angebracht. Bänder werden von Haspeln zu einem gebräuchlichen Vorschubapparat
geführt. *Streifen* lassen sich selbsttätig durch Zusatzeinrichtungen der Pressen-
fabriken einbringen: Das Streifenpaket wird durch Schaltung von der Maschine
aus gehoben und der oberste Blechstreifen durch Saugluft oder magnetisch angehoben, so daß die Vorschubvorrichtung der Presse ihn fassen kann.

Eine einfache Ladevorrichtung für *Bänder* besteht aus einem Hebel, der durch
eine am Stößel einstellbare Kurve in pendelnde Bewegung gesetzt wird. An diesen
Hebel ist ein weiterer gelenkig eingehängt, der mit einer Nase in das Loch, das der
Stempel herstellte, einfallen und den Streifen vorziehen kann.

59. Für ebene Zuschnitte. Für zugeschnittene ebene Teile ist die einfachste Ladevorrichtung nächst der Hand der Sauglöffel. Neuerdings tritt hierzu der hochentwickelte Magnetgreifer, der in üblicher Form an einem Stiel oder auch als Handring mit einem Lederstreifen an der Hand befestigt werden kann. In der Wirkung verwandt ist diesem Verfahren die Einwurfrinne (Abb. 239): In die Rinne werden eine Anzahl Arbeitsstücke eingelegt, so daß sie voreinanderstoßen. Ist durch den Stempel das Arbeitsstück durch die Schnittplatte gewandert, so rutscht infolge der Neigung und der durch Gleitrippen verringerten Reibung der Rinne das nächste Stück unter den Stempel, sobald dieser den Weg freigegeben hat. Auch den Reibscheibenvorschub findet man verwendet (Abb. 240): Durch die feststehende Führung werden die auf der sich drehenden Reibscheibe aufgelegten Arbeitsstücke vor das Werkzeug geschoben. Der im Takt des Stößels bewegte Schwenkarm schiebt dann das Stück unter das Werkzeug und sperrt gleichzeitig das Vorschieben weiterer Stücke. Bei diesem Verfahren werden die Werkstücke von Hand geordnet.

Man kann aber auch gleich beim Stapeln ordnen. Die Stapel müssen in richtiger Lage auf eine entsprechende Ladevorrichtung gesetzt werden (Abb. 241). Diese treten hauptsächlich in zwei Formen auf: mit Schieber und mit Saugkopf. Bei den Ladevorrichtungen mit Schieber wird jeweils das unterste Stück durch ein von der Maschine bewegtes

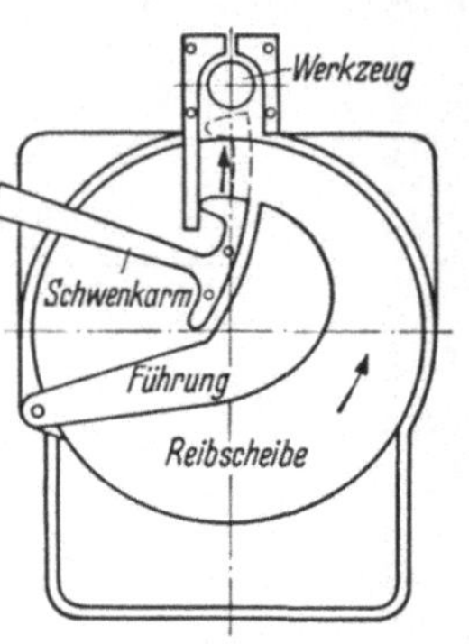

Abb. 240. Reibscheibe und Schwenkarm als Ladevorrichtung

Abb. 239. Einwurfrinne als Ladevorrichtung

Abb. 241. Laden durch Schieber (Weingarten A.G.)
a Werkstück; *b* Magazin; *c* Schieber; *d* Zahnstange, vom Stößel betätigt, zum Antrieb der Schieberbewegung über einen doppelten Zahnrad-Zahnstangentrieb

Getriebe aus dem Stapel genommen. Ketten, Hebel, Zahnradgetriebe können zur Ableitung der Bewegung benutzt werden.

Der Saugkopf nimmt jedesmal das oberste Stück ab und legt es meist auf eine Kontrollvorrichtung, von wo es in den Greifervorschub der Maschine gelangt. Zuweilen findet man den Saugkopf durch einen Elektromagneten ersetzt. Die Stapel bringt man zur Beschleunigung des Auswechselns paarweise schwenkbar oder auf einer Rollenbahn gelagert unter den Saugkopf.

60. Für geformte Zuschnitte. Geformte Teile sammelt man meist in Behältern und führt auch aus solchen zu. Es treten also zu den Zuführungsorganen besondere Apparate für das Ordnen der Teile, die deren jeweiliger Form angepaßt sein müssen.

a) die gebräuchlichsten Apparate sind so aufgebaut, daß nur die richtig liegenden Arbeitsstücke aufgenommen, die anderen zurückgewiesen werden. Den Grundgedanken dieser *Sortieranlagen* gibt Abb. 242 wieder, in der durch einen Schieber nur die längs liegenden Hülsen aufgenommen werden und zur Förderrinne abgleiten. Andere Stücke werden unter Benutzung ihrer Form gerichtet. In Abb. 243 wälzt die Scheibe S die Werkstücke vor das Kurvenstück K. Liegt der breite Rand des Stückes unten, so wandern die Teile durch die Rinne a zum Schnittwerkzeug, liegt er oben, so werden sie durch Rinne b in den Sammelbehälter zurückgestoßen bis sie endlich in der richtigen Lage vor K kommen.

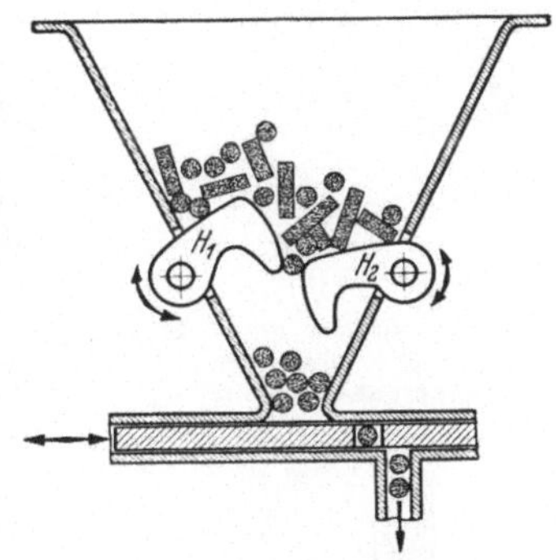

Abb. 242. Sortier-Anlage, H_1 und H_2 Richthebel

Bei den Sortieranlagen kommt es darauf an, Einrichtungen anzubringen, die die Wahrscheinlichkeit erhöhen, daß die Teile in der richtigen Lage vor den Schieber usw. kommen.

In Abb. 242 wird dieses durch Pendelbewegungen zweier Richthebel erreicht. Sie lockern die Füllung des Behälters und lassen nur quer liegende Teile durch. Das gleiche Ergebnis wird erzielt, wenn ein Schieber, der auf und ab geht, gleichzeitig sich dreht oder hin und her pendelt. In Abb. 244 werden die Stößel s durch eine Kurvenscheibe gesteuert. Falsch liegende Teile werden durch Öffnung a ausgestoßen, richtig liegende durch die Stößel s festgehalten bis sie vor der Rinne R

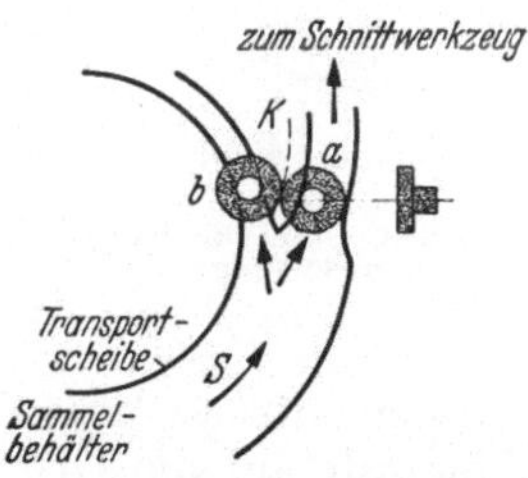

Abb. 243. Sortier-Anlage unter Benutzung der Form
a Fallrinne; b Rückführung; S Vorschubrinne; K Leitkurve

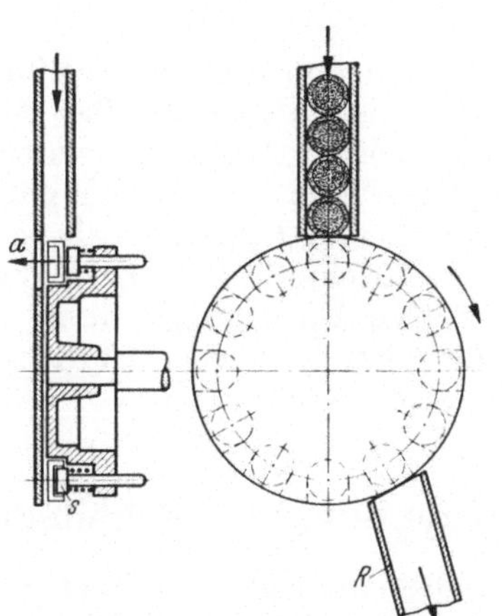

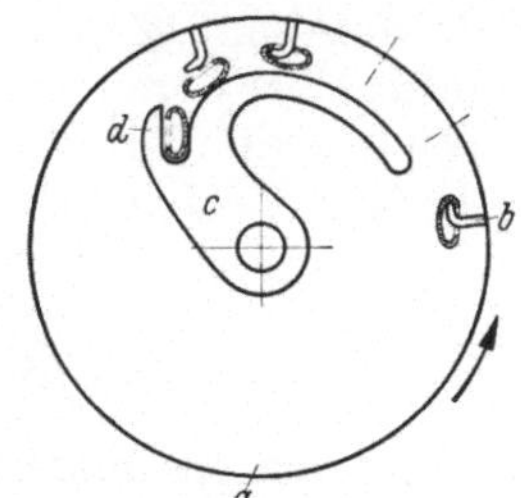

Abb. 244. Sortier-Anlage mit Revolvertrommel
s Sortierstößel; R Fallrinne; a Ausstoßloch

Abb. 245. Vervielfachte Sortieranlage
a Trommel mit Haken b; c Trennkurve; d Fallrinne

angelangt sind. Ist die Ergiebigkeit einer solchen Anlage nicht groß genug, so vervielfacht man sie. Für Kappen mit nach innen gebogenem Rand verfährt man nach Abb. 245: Die umlaufende Trommel a trägt Haken b, deren Abstand voneinander sich aus der Größe der Kappen ergibt. Von der Stirnseite her werden der Trommel aus einer Fallrinne oder dergleichen die Kappen wahllos zugeleitet, werden von den Haken aufgegriffen, auf die Führung c gesetzt, von der sie bei d alle gleichgerichtet die Trommel verlassen.

b) Werden Hochleistungen verlangt, genügen solche Vorrichtungen nicht, es muß jedes zulaufende Stück wahllos von der Vorrichtung aufgenommen und geordnet werden. Bei einseitiger Schwerpunktslage ist dieses verhältnismäßig einfach (Abb. 246 I u. II). Auch die Form des Werkstückes kann man zum Ordnen heranziehen, wie bei den Hülsen in Abb. 247 u. 248. Sehr gut ist in Abb. 249 die Ausnutzung der Form für den Ordnungsvorgang. Entsprechend der Vielgestaltigkeit der Stanz-

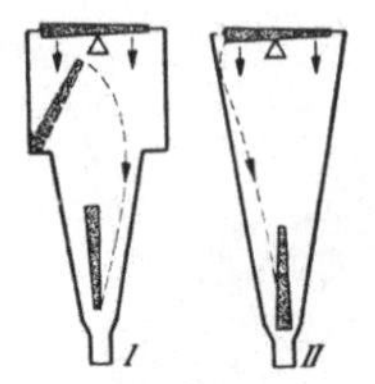

Abb. 246. Ordnen unter Benutzung einseitiger Schwerpunktlage

Abb. 247. Ordnen unter Benutzung der Werkstückform

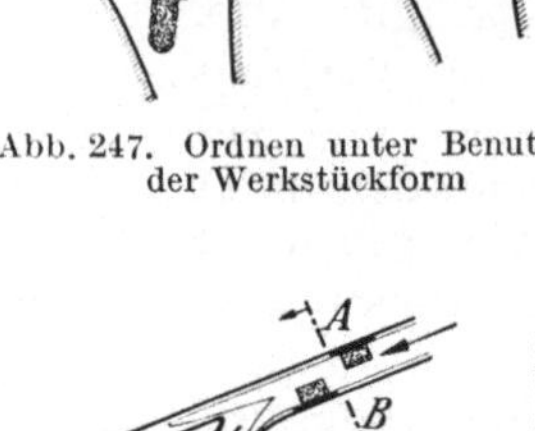

Abb. 248. Ordnende Ladevorrichtung

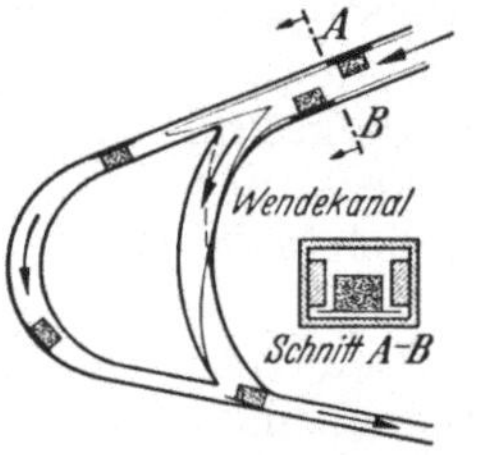

Abb. 249. Wendekanal in einer Ordnervorrichtung

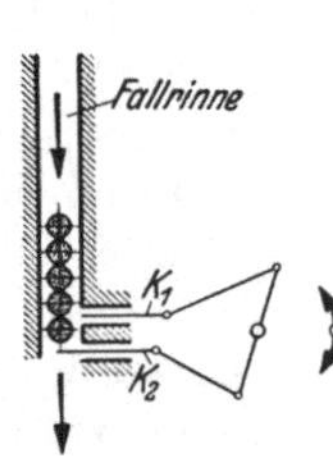
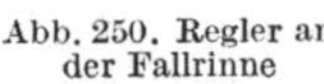

Abb. 250. Regler an der Fallrinne

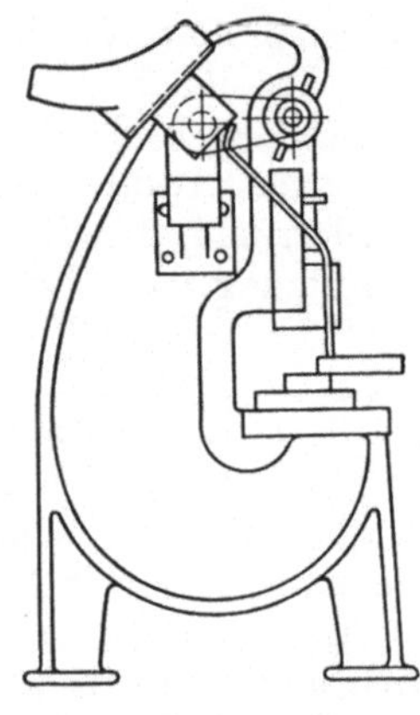

Abb. 251. Trichterzuführung in Verbindung mit einer gebogenen Fallrinne (GÄRTTNER)

formen gibt es auf diesem Gebiet ungezählte Ausführungsmöglichkeiten, so daß hier nur auf die Grundsätze, nach denen man bei der Lösung solcher Aufgaben verfährt, und auf die gebräuchlichsten Ausführungsmittel hingewiesen werden kann.

c) Das Werkzeug wird aus der Fallrinne meistens nach dem Schema der Abb. 250 mit Hilfe der Steuerschieber K_1 und K_2 gespeist. Eine ähnliche Lösung wurde bereits in Abb. 242 gezeigt. Fülltrichter leiten meist die Werkstücke zu den Fallrinnen. Über deren zweckmäßige Anbringung gibt die Abb. 251 einen Hinweis, der besonders die mit der Mehrleistung solcher Einrichtungen verbundene Unfallsicherheit für den Arbeiter erkennen läßt.

X. Kopplung von Arbeitsgängen

Von den geschilderten Ordneranlagen zur Fließfertigung, d. h. zur Kopplung von sich folgenden Arbeitsgängen, ist nur ein kurzer Schritt, durch Lösung der Förderungsfrage. Die Art der Förderung ist durch Werkstückform und Kopplungsgrad bedingt.

61. Lose Aneinanderreihung. Für sperrige Teile, wie schwere Tafeln, sind in Heft 44, Abb. 103 u. 105, für leichtere Teile und Streifen in Abb. 106 bis 108 Möglichkeiten gezeigt. Genormte Stapelgestelle in Verbindung mit Hubkarren oder bei günstiger Maschinenaufstellung Gestelle mit ausmittigen Rädern zum Ausgleich des mit dem Schneiden verbundenen Höhenverlustes leisten bei geschicktem Einsatz erstaunliches. Für kleinere Werkstücke kann man die Pressen in einfachster Form durch Gleitschienen verbinden, so daß die gepreßten oder gestanzten Teile zum nächsten Arbeitsplatz geschoben werden können. Ähnliche Dienste tun Rollengänge mit oder ohne Antrieb.

62. Lose Kopplung. Von einer eigentlichen Kopplung von Arbeitsgängen ist bei diesen Lösungen noch nicht zu sprechen, weil immer wieder die menschliche Hand regelnd eingreifen muß. Will man dies vermeiden, so leitet man die Werkstücke, anstatt sie in Behälter wandern zu lassen, gleich aus dem Werkzeug in Förderrinnen zur nächsten Maschine, am einfachsten durch Schwerkraftförderung. Je nach dem Gewicht des Werkstückes im Verhältnis zur Form ist jedoch zur sicheren und gleichmäßigen Förderung ein gewisses Gefälle nötig. Ergeben sich dabei auf größere Entfernungen zu große Geschwindigkeiten, so lenkt man die Bewegungsrichtung um, wie im Hintergrund der Abb. 252 gezeigt.

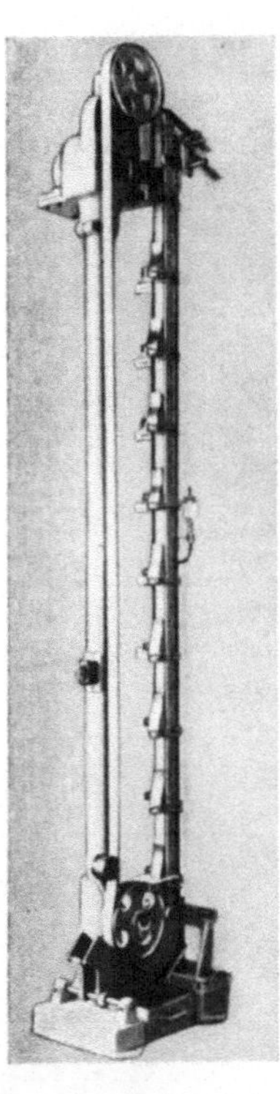

Abb. 252. Lose Kopplung (L. Schuler)

Abb. 253. Senkrechtförderer für rohrförmige Werkstücke (L. Schuler)

Höhenverluste werden durch mechanische oder Druckluftfördermittel ausgeglichen. Abb. 253 läßt erkennen, wie durch einen Riemen runde bzw. rollende Werkstücke in einer U-förmigen, senkrechtstehenden Rinne gewälzt werden. In anderen Fällen benutzt man Förderbänder, bei denen sich die Werkstücke auf Haken aufhängen oder auf Leisten auflegen (Abb. 254). Bei leichten Stücken ist die Saugluftförderung sicherer. Steht Saugluft nicht zur Verfügung, baut man einen Sauger so am hochgelegenen Sammeltrichter seitlich an, daß kein Werkstück in die Einrichtung geraten kann. Ähnlich kann man mit Preßluft arbeiten.

Das schwierigste Problem der Kopplung ist das Abstimmen der Kopplungsreihe auf eine bestimmte Leistung. Durch zwischengeschaltete Sammelbehälter lassen sich kleine Leistungsunterschiede, hervorgerufen durch kleine Betriebsstockungen einzelner Teile, ausgleichen. Auch findet man Überläufe (Abb. 254) für solche Fälle. — Bei großen Leistungsunterschieden schaltet man eine Weiche oder Verteilerstelle zur Beschickung von zwei oder mehreren parallelgeschalteten Maschinensätzen ein.

Wichtig ist die Sicherung des Arbeitsganges bei Störungen, wozu uns heute in der Wiegetechnik und in den verschiedenen elektrischen Steuergeräten (Photozelle usw.) geeignete Mittel gegeben sind. Der Nachteil der losen Kopplung ist der hohe

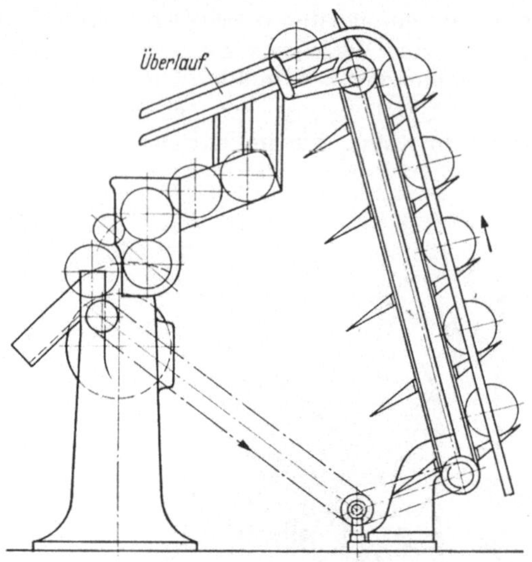

Abb. 254. Hubwerk mit Überlauf

Abb. 255. Feste Kopplung

Preis und der große Platzbedarf einer solchen Anlage. Sie hat aber den Vorteil, daß, wenn genormte Einzelteile verwendet werden (genormte Maschinen und Fördermittel), große Umstellungsfreiheit gegeben ist. Die lose Kopplung ist also die gegebene Anlage für Großreihenherstellung (Abb. 255).

63. Zwangläufige Kopplung findet man bei der Einzweckmaschine (Automaten). Dafür als Beispiel der Automat für gefalzte und nachgelötete Dosenzargen (Abb. 256 u. 257). Verkürzung und Vereinfachung der Förderwege ist die Ursache der

Abb. 256. Automat für gefalzte und nachgelötete Dosenzargen (L. Schuler)

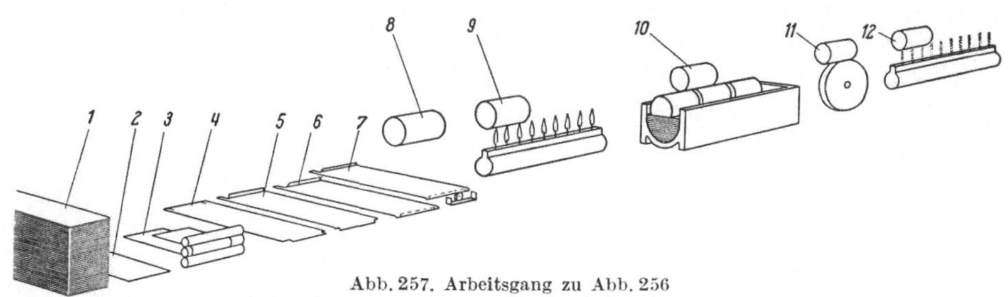

Abb. 257. Arbeitsgang zu Abb. 256

dadurch bedingten Höchstleistungen. Von hier aus führt der Weg interessanterweise zurück zum Werkzeug: über das kombinierte Folgewerkzeug zum Verbundwerkzeug.

Die Schwierigkeit der Leistungsabstimmung bringt es mit sich, daß man bei längeren Herstellungssätzen alle Kopplungsarten nebeneinander verwendet findet.